心灵奇景

80幅画描绘意识之谜

［以］西蒙娜·金斯伯格　　［以］伊娃·亚布隆卡　著
［以］安娜·泽利戈夫斯基　绘
肖晓　严冰　陈钰佳　译

上海科技教育出版社

目 录

序言 \ 001

视角1 意识：隐喻与构想

    1.1 何谓心灵？ \ 004

    1.2 溪流、波涛与鸟儿 \ 006

    1.3 蝴蝶 \ 008

    1.4 二元论 \ 010

    1.5 泛心论 \ 012

    1.6 物理主义 \ 014

    1.7 亚里士多德学派的自然主义 \ 016

    1.8 成为蝙蝠是怎样的体验？ \ 018

    1.9 知道之道 \ 020

    1.10 自我：甜甜圈之洞 \ 022

    1.11 你会不会是缸中之脑？ \ 024

    1.12 哲学僵尸？ \ 026

视角 2 谁拥有意识?

2.1 生物学视角 \ 032

2.2 细菌拥有意识吗? \ 034

2.3 拥有意识的黏菌? \ 036

2.4 植物拥有意识吗? \ 038

2.5 海绵拥有意识吗? \ 040

2.6 神经系统的特殊之处 \ 042

2.7 优雅的水母,迷人的海葵 \ 044

2.8 有头脑的蠕虫 \ 046

2.9 模糊的共识 \ 048

2.10 鱼类拥有意识吗? \ 050

2.11 爬行动物拥有意识吗? \ 052

2.12 脊椎动物:鸟类与哺乳类 \ 054

2.13 某些节肢动物呢? \ 056

2.14 头足动物什么情况? \ 058

2.15 只有人类拥有意识吗? \ 060

2.16 意识的社交维度是什么? \ 062

视角 3 意识是如何进化的?

3.1 引言:为何要从进化角度研究意识? \ 068

3.2 进化论 \ 070

3.3 进化转变 \ 074

3.4 从进化转变的角度思考意识 \ 076

3.5 生命的进化 \ 078

3.6 意识的演化：列出清单 \ 080

3.7 学习与意识：不太可能相关？ \ 084

3.8 无限关联学习是意识的进化转变标记物 \ 088

3.9 感受与概念 \ 090

3.10 意识的功能与目标 \ 092

3.11 哪些有机体表现出无限关联学习？谁拥有意识？ \ 094

3.12 动物进化的大爆发 \ 096

3.13 喜悦的源头 \ 098

3.14 痛苦的源头 \ 100

3.15 想象的演化 \ 102

视角 4　人类的特异之处在于理性的灵魂

4.1 人类的本性 \ 108

4.2 是什么让人类与众不同？ \ 110

4.3 为何要用进化的方法来研究人类本性？ \ 112

4.4 智人起源之前 \ 114

4.5 会脸红的直立人 \ 116

4.6 延伸的心智：双手、工具和纪念物 \ 118

4.7 象征性系统 \ 120

4.8 语言和想象力 \ 122

4.9 思想和感受 \ 124

4.10 象征性物种的某些特性 \ 126

4.11 象征性爆炸 \ 128

4.12 分裂的灵魂？ \ 130

视角 5　愿景、未来和幻想

  5.1　突破极限　\ 136

  5.2　天才的头脑　\ 138

  5.3　知觉记忆和遗忘的艺术　\ 140

  5.4　意识的动荡：致幻剂　\ 142

  5.5　精神痛苦：无意识的图像　\ 144

  5.6　意识的"高级"形态？　\ 146

  5.7　我们的祖先是如何感知世界的？　\ 148

  5.8　具有寓意的人造物　\ 150

  5.9　有意识的机器人？　\ 152

  5.10　虚拟现实和人机融合　\ 154

  5.11　延伸的伦理规范　\ 158

  5.12　索拉里斯星：局限性　\ 160

致谢　\ 163

注释　\ 165

献给玛丽昂（Marion）。为了一切。

序 言

虽然生而有息，却无法体验万千世界——无法感知、行动、嗅闻、观看、聆听、品味或触摸，就像处于深度昏迷那样——对于大多数人而言，这样的生命似乎毫无价值。这让我们深刻地认识到，我们所珍视且私密的主观体验能力，即**意识**或**感知**（这些术语可互换使用），其存在并非理所当然。是什么让一个实体，一个生命体，拥有意识？而当所谓的意识状态消失时，又会发生什么？

哲学家把心灵和身体之间令人费解的关系称为心身问题。随着人们发现大脑对意识活动至关重要，心身问题也被重新界定为大脑与心灵之间的关系。T. H. 赫胥黎（T. H. Huxley）在 1866 年以生动的方式表达了理解这一关系的困难之处：

> 如果刺激神经能够诱发意识状态这种非同凡响的事件出现，那么就像阿拉丁摩擦神灯出现巨灵一样，是不可思议的。

进化生物学将作为阿里阿德涅之线，引领我们穿越心身问题的迷宫，并引导我们探讨书中贯穿始终的问题：哪些实体是有意识的？意识是如何演化的？我们能辨识出哪些类型的意识？人类的意识是否特殊？如果是的话，又体现在哪些方面？我们能否想象外星人或人工智能的意识？本书中引用了一些作家、诗人、哲学家、心理学家和生物学家的观点，但借由他们的观点又引发了更多问题，因此本书更注重问题而非答案。

我们使用视觉图像、言语意象和解释性文本来展现这些问题及其初步的答案。形象和象征的多义性使得想象力和解释力有了更深远的发挥空间，也为我们审视意识的众多维度提供了多方面的视角。本书的每一节都呈现了一个具体的主题，并提供一幅作为一种视觉隐喻的图片，与文本相联系，并触动读者的想象力，为读者打开新的视角。每个主题既可独立成篇，又与前后文相互关联，因此本书既可以"分块"阅读，也可以作为连续的图文呈现。每个主题的引文来源和延伸阅读书目都放在书末的注释说明中。

本书分为5个部分或视角，每个部分讨论12至16个主题。第一部分介绍了人们所想象的意识以及对心灵本质的构想。我们由意识的隐喻作为起始，进而描述了如二元论和物理主义等基本概念，并以谜题和思维实验作为第一部分的结尾，来体现意识貌似矛盾的本质。

我们采用自然进化论的方法来关注有机体。在第二部分中，我们提出问题：包括细菌在内的所有生命体是否具有意识？植物是否有意识？只有人类才有意识吗？我们留下这些问题，并在第三部分中提出了一种进化论的方法来解决这些问题，该方法侧重于由无意识到有意识动物的转化。在这个部分中，我们提出意识的进化是伴随着一种开放式学习形式的进化而来，这在一些拥有大脑的动物中能观察到。对非生物学专业人士来说，关于这一观点的部分内容可能较难理解，但可以安全地跳过，并不影响对总体脉络的理解。第四部分描述人类意识的独特性、起源以及由意识引发的奇妙而怪异的后果，而第五部分则体现人类意识的多样性，展现了允许我们超越的熟悉事物的边界，并通过幻想和幻觉探讨了未来意识和外星意识的新形式。

本书献给对意识着迷的人们，无论是好奇的高中学生，还是退休的教授，希望艺术、哲学与科学的结合能够激发大家的想象力并揭示探索心灵景观的多种方式。

视角 1　意识：隐喻与构想

仰望天空，我看见苍穹无垠，太阳明亮夺目，照耀着世间万物。我是如何看到这些的？一束阳光射入眼睛，聚焦于视网膜。它引起的变化辗转传入大脑终端的神经层。从阳光到我大脑终端的这一系列事件都是有物质基础的，其中的每个环节都是一个电学反应。但它们最终引起一种截然不同的变化，一个无法言说的结果——一幅视觉图景浮现于脑海之中，我**看见**苍穹、太阳以及日光下一切目力所及之物。

　　……世间万物远近相别、颜色各异、明暗相间，骤见身处之地与大脑电学反应之间，存在巨大的解释鸿沟。

——查尔斯·斯科特·谢灵顿爵士（Sir Charles Scott Sherrington）

视角 1　意识：隐喻与构想　/　003

世界充满色彩与差异，可通过千百种方式看见世界

1.1 何谓心灵？

一休宗纯（Ikkyū Sōjun）是15世纪日本禅宗大师，也是一位诗人、离经叛道者、流浪者和自由无拘的人。在众多关于心灵的描述中，他曾留下最具哲学感染力的一笔。

何谓心灵？
微风作响
穿松林而过
回荡于水墨画中

这首诗将心灵描绘为一种高级表征：以诗中文字作为诗歌内容的表现形式，让读者想象出一幅水墨画，画中微风穿过松林，发出声响，以此体会什么是心灵。在这些表征层级之上，艺术家增加了更多层的表达，将英语及希伯来语的诗句排列成松树的形状，以视觉方式呈现诗中意象。

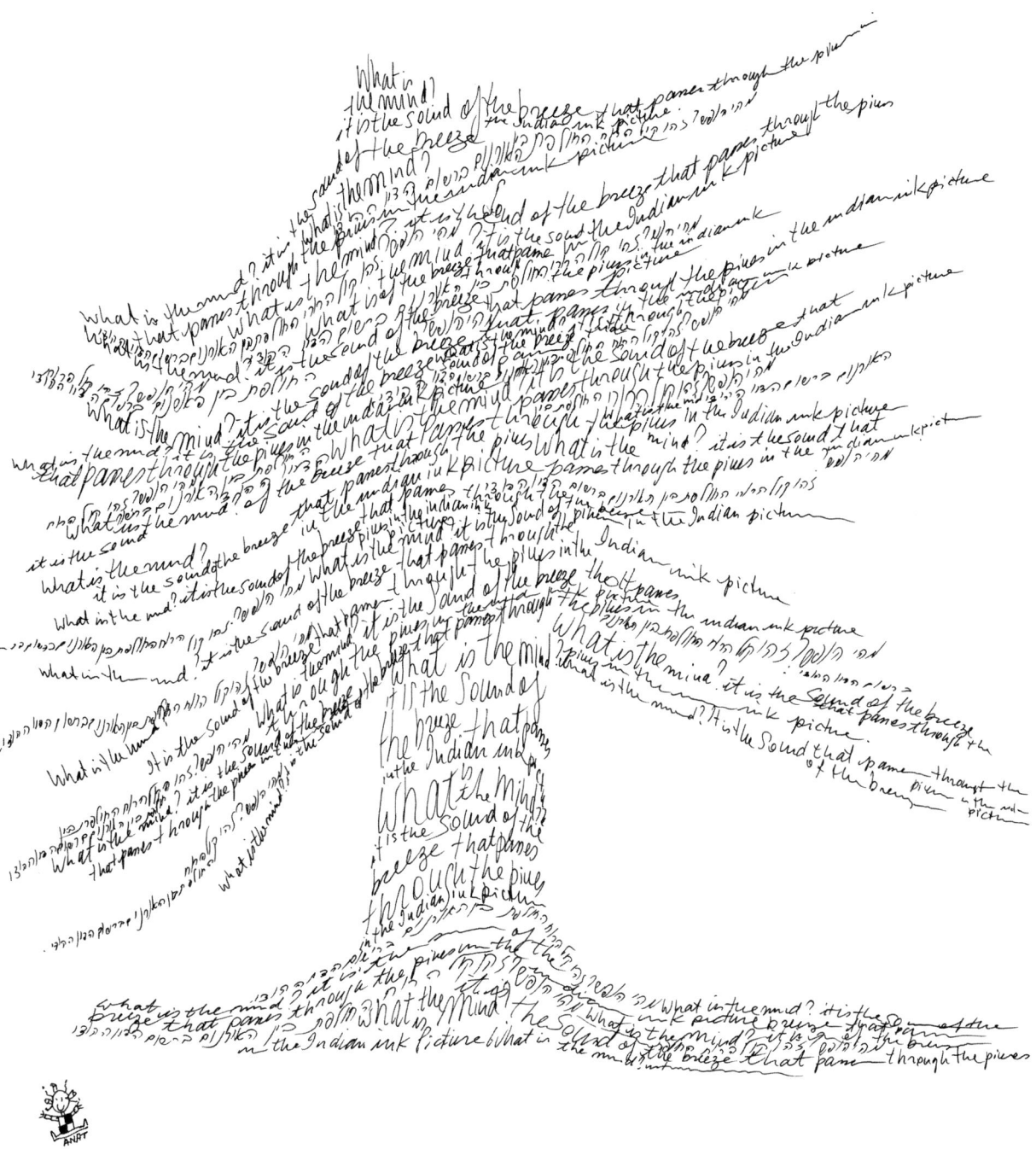

将心灵想象成一种高级表征

1.2 溪流、波涛与鸟儿

19世纪哲学家、心理学家威廉·詹姆斯（William James）是一位隐喻大师。

在1884年，詹姆斯曾将意识或主观体验比喻为流水，一条起伏涨落的溪流，时缓时急，过去余音回响，未来奔腾而至。詹姆斯认为，体验只能是一种个人活动，变化无常却绵延不绝。

> 心灵中的每幅图像都浸润在其周围自由流淌的水流里。随着水流流动，逐渐形成我们对其远近关联的感知，关于来处的回响逐渐消逝，而对去处的感知逐渐明晰。

詹姆斯认为意识流的终点高于起点，"因为感觉内容的最终态比起始态更加完整而丰富"（James, *The Principles of Psychology*, 1890）。接着，他又给出另一个比喻：

> 当我们……对奇妙的意识流产生一种整体印象，首先引发我们关注的是其各个部分之间不同的流动速率。正如鸟儿的一生，由翱翔与栖息交替组成。

鸟儿象征启程的灵魂或基督教传统中获得救赎的灵魂。詹姆斯将意识类比于流淌的溪水、波涛与时飞时落的鸟儿，以这些意象体现构成心灵的物质活动。

意识流：湍急的溪流与时飞时落的鸟儿

1.3 蝴蝶

心灵的一种比喻是蝴蝶。亚里士多德（Aristotle）将蝴蝶命名为 *psyche*（希腊语中的"灵魂"）。在许多文化中，蝴蝶——破茧而出的美丽生物，风与天空的生灵——是人类灵魂的象征，是脱离血肉之躯与劳苦工作的象征，也是灵性转变的象征。

公元前4世纪，庄周写下中国历史上最优秀的文学作品之一《庄子》。他以蝴蝶为意象来讨论意识的区别与转化，大概也不足为奇了。

> 昔者庄周梦为胡蝶，栩栩然胡蝶也，自喻适志与，不知周也。俄然觉，则蘧蘧然周也。不知周之梦为胡蝶与，胡蝶之梦为周与？周与胡蝶，则必有分矣。此之谓物化。

在这则故事里，被区分（物化）的"事物"是什么？它是物质的还是精神的？

……一个梦见自己是一只蝴蝶的人,认为自己是一只梦见自己是人的蝴蝶……

1.4　二元论

二元论者认为精神（心灵）与物质（肉体）不同。一部分二元论者认为，物质与精神是两种弥漫于所有实体中的"东西"；另一部分二元论者则认为，只有理智的人类思维需要额外的（精神性的）东西。笛卡儿（René Descartes）最广为人知的是阐释了理性主义二元论立场，对他而言，这种立场从怀疑一切开始：

那么我认为，所见一切皆虚。我认为，记忆空无虚幻。我没有任何感觉。肉体、形状、外延、运动及地点都是假象。那么，什么为真呢？也许只有万物皆空这一事实！

笛卡儿的结论是，唯一无法被怀疑的就是怀疑本身。毕竟，即使是怀疑他在怀疑，也仍属于怀疑的范畴。怀疑是一种思考的行为。因此，思考证实了怀疑者的存在。由此引出：Cogito ergo sum——我思故我在。

进一步，他从这一系列推理论证中得出意义深远的结论：他认为，可思考的实体，即心灵，是非物质的，不占空间的，不可分割的，因此必是永存不朽的。只有理性的人类拥有这种可思考的、不朽的灵魂。他相信，心灵位于大脑中的松果体，并且心灵与肉体互动。缺少理性灵魂的动物终有一死，犹如机器，尽管这类机器或许也能感受与表达情绪。

古往今来，许多二元论者将这种假设进一步延伸，认为所有实体中都存在精神性与物质性的"东西"，或称为意识的某些方面。

对于笛卡儿的追随者而言，最大的问题在于，如果心灵与肉体是本质上截然不同的两种物质或性质，那么心灵与肉体是交互的吗？某种心灵状态，例如悲伤，是如何引起一种物理状态的？反过来，肉体的物理变化，例如吃药引起的生理变化，能否导致意识变化？此外，什么是"自我"？它来自肉体还是心灵？

视角 1　意识：隐喻与构想　/　011

松果体发出的精神射线让小机器人具备自我意识

1.5 泛心论

泛心论者宣称，知觉能力（感受与感知的能力）是万物普遍拥有的基础特征。他们相信存在本质上既是物质的又是精神的实体。他们认为万物的固有属性中存在着不能从物理角度理解的成分。用佛教术语来说，"真如"（英语为 suchness 或 thatness）是事物存在的本质，其本身是非物质的。这正是佛祖拈花微笑时无言传达的内涵。佛祖在弟子面前手持一朵白花，笑而不语。在这场无言的讲经中，他向弟子们传递了花朵妙不可言的本质，并推及万物。

泛心论包含多种类型。一部分泛心论者声称，万物皆有一定程度的主观体验（包括你手中的那杯茶）。另一部分泛心论者认为，存在两种类型的体验：微观的和宏观的。对夸克等基本粒子的微观体验与对牙疼的宏观体验是不同的。多种微观体验依循目前尚未明确的原则相互作用，以构成宏观体验。但令人疑惑的是，微小的微观体验，比如腐烂牙齿中的基本粒子，如何组合构成牙疼的宏观体验呢？此外，根据泛心论者的观点，没有意识（例如深度昏迷）又意味着什么呢？

视角 1　意识：隐喻与构想　/　013

老式电话机的内部世界

1.6 物理主义

物理主义者通过物理状态与过程（尤其是神经的或神经生理的状态与过程）来识别精神特质。他们认为，不存在单独的精神事件或精神层面，意识遍及万物这一说法在科学上是不成立的。1994年，弗朗西斯·克里克（Francis Crick）基于这一立场明确举例：

> 你，你的喜悦与悲伤，你的记忆与志向，你对个人身份与自由意志的感觉，实际上，仅仅是一大群神经细胞及相关分子的行为而已。

这份简要的陈述中暗藏玄机。依照克里克的假设，这一大群神经细胞及相关分子是一个**有组织的**集群，那么这是一种怎样的组织？离开肉体的大脑可能具有意识吗？神经细胞是产生意识的充要条件吗？

在解决上述问题时，研究意识的神经科学家采用的方法一般不同，但他们都遵循同一个广义的哲学框架。他们认为，意识是神经系统的低层级部分与神经组织的高层级之间自组织动态互作的结果。这些神经动态产生出连贯的图像、感受和动作。问题在于，这是如何发生的？即使在实验中意识可以被调控，即使意识的神经对应物及其他身体对应物可被完美识别，为什么这些对应物必然引发主观体验？为什么一个人能感受疼痛而非仅仅对伤害性刺激产生适应性响应？换句话说，为什么我们不是僵尸？为什么我们能感受到精神活动与身体活动在本质上是不同的？

1500 克脑组织中无穷无尽的衍生物

1.7 亚里士多德学派的自然主义

亚里士多德学派的自然主义者是一类物理主义者，他们将意识看作由生物-认知过程**构成**的系统整体性活动。就像肝细胞是肝脏及其活性的组成基石，神经细胞及其生物-认知过程也是意识活动的组成基石。系统的动态**组织**至关重要。他们认为，只有具有某一类组织结构的物质实体才可能具有意识。依照这种自然主义观点，任何一种单一组成部分（例如大脑），即使其功能再必要，都不是意识产生的充分条件，只有作为整体的有机体才拥有意识。

亚里士多德重视生物体的目标导向天性，他被视为第一位以系统性自然主义观点去阐释知觉能力的哲学家。他将目标导向的生物活体组织称为"灵魂"，并将其分为三个层级。

最基础的第一层级描述最简单的生物体。这类生物体的固有目的是自我维持与繁殖后代。亚里士多德以植物为例，认为它们只具有这种基础层级的灵魂，称之为"营养灵魂"或"繁殖灵魂"。在第一层级的基础上，第二层级描述有感知与感受能力的动物。具备这种能力的生物体拥有"感觉灵魂"，它们的目标是满足所感受的渴望、热情与欲求。第三层级"理性灵魂"基于前面两个层级。人类价值，例如真善美，是理性灵魂的目标，也是人类力争实现的目标。

亚里士多德写道：

> 植物仅有第一层级的营养灵魂，而其他种类的生物体除此之外还拥有感官。如果某种生物拥有感官，则它必须同时具备食欲，因为渴望、热情和愿望均源于食欲……最后，某些生物体——生物体中的一小类——拥有计算和思考的能力，（在终有一死的生物中）那些拥有计算能力的生物也同时拥有上述所有能力。

亚里士多德派的自然主义者为生物学家和哲学家提出了新的问题。如果意识是动物的一种特征，那么哪些动物拥有意识？既然感觉灵魂依赖营养灵魂，意识能否不依赖生命而存在？例如，非活体机器人能否拥有意识？最后，在亚里士多德提出的灵魂层级中，是否能找到某种普遍原则，这种原则适用于所有灵魂，即生物体的三种目标导向模型——活的、有感觉的和理性的有机体？

亚里士多德提出的灵魂的三个层级

1.8　成为蝙蝠是怎样的体验？

我们如何才能理解其他生物的体验，尤其是与我们相差甚远的生物体？假设蝙蝠拥有私密的主观体验，那么我们有可能了解这种体验吗？在一篇具有影响力的文章《成为蝙蝠是怎样的体验？》(What Is It Like to Be a Bat?) 中，哲学家托马斯·内格尔 (Thomas Nagel) 认为，主观体验不可能被科学地解释。他以蝙蝠为例，蝙蝠通过回声定位的方式来感知世界，而人类缺乏这种感觉。内格尔认为，我们不可能分享蝙蝠的主观性：既不能感觉**作为**蝙蝠的感受，也不能体验**作为**蝙蝠的感知。

内格尔说得对吗？让我们先来看一个奇特的人，丹尼尔·基什 (Daniel Kish)。基什出生于1966年，在13个月大时因视网膜母细胞瘤而失明。尽管如此，他仍能穿行于城市的大街小巷、骑山地车、打篮球，能够在宽阔的高尔夫球场里找到一个小球，并教会其他盲人——主要是青少年——如何做到这些。基什依靠回声定位，就像蝙蝠一样，他通过弹响指发出响声，利用声波返回的回声，判断物体的形状、位置、大小、质地与运动。对基什及另一位回声定位者的研究表明，大脑的视皮层不仅在收集回声信号时处于激活状态，而且在回声定位者报告基于回声感知到什么时，也是如此。回声定位者的体验是丰富而一致的。基什描述道："这不是一个计算的过程。我的眼前有一幅真实可感知的空间表征的图像——这里是墙，这里是拐角，物体则在这里。"他还补充道："有经验的回声定位者对意象的感觉非常丰富。他可以从声音与回声中获得美的感受，各种各样明确无误的感受。"

你可以理所当然地宣称回声定位者与蝙蝠各自体验的世界存在天壤之别。但是，既然人类能获得蝙蝠的某种感官体验，我们难道不是进一步理解了作为蝙蝠的感受吗？

这幅图画展示了基什世界的一个侧面，画中他正骑着山地车。我们大多数人通过视觉图像被动地反映外部世界，而基什利用自己主动操作的回声定位过程，与响应声波的物体相遇。

视角 1　意识：隐喻与构想　/　019

基于声波与回声的空间导航

1.9　知道之道

腰椎间盘突出时个人主观感受到的急性痛，与教科书上对这种疼痛的公开描述之间有什么关联？

我们可以通过概括与总结个人知识，从而得到公共知识，但是反过来，公共知识可转化为个人知识吗？作为公共知识，伟大的小说让读者从日常生活中跳出，在书中的时空遨游，体验全新的世界。女性读者可以在莎士比亚戏剧中体验成为饱受折磨的年轻王子，男性读者也可以在10世纪日本小说中体验成为宫廷里的皇族侍女。然而，这种知识转化的局限在哪儿？

我们知道自己可以主观地分享他人的感受。在《圣经》时代的希伯来语中，"知道"（know）这个词不仅用于描述抽象知识，还用于描述性行为，例如"亚当与夏娃同房"（and Adam knew his wife Eve，《创世记》4∶1）。在性行为中，一方能够主观地"知道"另一方的体验。

那么科学知识呢？在一个著名的思想实验中，弗兰克·杰克逊（Frank Jackson）描述了一位聪明的神经科学家玛丽（Mary），她拥有**完备的**关于颜色视觉的物理学与神经生物学知识。然而，尽管拥有看见颜色的正常能力，玛丽从出生起就只生活在一个黑白世界里，因此从未见过颜色。杰克逊提出问题，"当玛丽离开她的黑白房间，或有了一台彩色电视监视器之后"，会发生什么？"她会不会**学到**新的知识？"

常识告诉我们，玛丽会获得新知识——例如，拥有对红色的**直接的**主观感受。但是，这种结论可信吗？这个结论的前提是一个猜想，即玛丽完备的理论知识和技术知识尚不足以支持她在大脑中模拟吸收635—700纳米波段光的效果。但是，我们凭什么这样假设？也许仅仅是因为想象力匮乏——我们无法想象有什么可以借由完备的知识与强大的科技来实现。没有任何**先验**理由支持我们假设：黑白世界中的玛丽在拥有完备的知识与技术后，仍不能在大脑中启动颜色感知过程，进而直接去体验罂粟花的鲜红。

构建对红色的主观体验

1.10　自我：甜甜圈之洞

什么是自我？哲学家大卫·休谟（David Hume）认为，他的自我与其他所有人一样，都只是瞬息万变的感知过程：

> 我谨慎地申明，人类只是多种感知过程的集合，各种感知以不可思议的速度彼此更迭，人类永恒处于感知的变化与运动之中。

大多数自然主义哲学家都同意休谟的观点。然而，在变化的感知中必然存在某种稳定的参考点，以解释我们对个人连续性的感受，我们**拥有**主观体验的感受，以及这种体验**属于**我们的感受。当代认知科学家比约恩·默克（Bjoern Merker）认为存在"自我中心"（ego-center），这是一种身处世界图景中观察自身的视角，借由这一视角我们可以感知及评估自身图景，并以此来采取行动。自我中心在构建自我世界、肉身及行为模式的过程中形成，就像旋涡的中心。

诗人奥西普·曼德尔施塔姆（Osip Mandelstam）的语句准确捕捉到自我既存在又不存在的荒谬之处：

> 我偏爱甜甜圈中心的空洞……现实世界就像蕾丝枕边，作为维持花纹的部分，蕾丝中的空气与孔洞才是真实的。

孔洞构成了花纹

1.11 你会不会是缸中之脑？

第三节里讲到蝴蝶思想实验，它的现代版本是**缸中之脑**实验：当你确信自己正在与伴侣共进晚餐，一边享用蒜香蘑菇意大利面与普里米蒂沃红葡萄酒，一边畅谈意识科学——你如何得知，此时此刻自己的大脑不是漂浮在灌满营养液的水缸里，而这一切只是连接大脑的超级计算机所创造的幻觉，就像电影《黑客帝国》的场景那样？

和所有精妙的思想实验一样，缸中之脑实验促使我们深入思考它的前提假设。它的前提是：大脑自身拥有意识，而非具有大脑的人类。肉体不过是可以替换的容器，使大脑保持活性且为其提供输入，而这种输入完全可以被超级计算机之类的外界来源所替代。

这种前提假设可靠吗？对于一个拥有意识的人类个体，我们对他的大脑所知多少？大脑从肉体与外部世界获得化学和电学输入，通过不同脑区之间的相互作用来处理信息，然后向肉体发送输出信号，形成交互对话。在此过程中，大脑利用新输入的信息，对已形成的内部表征状态进行更新与评估，最终激励或抑制个体的行为。

我们假设可以让离体的大脑长时间保持活性，是存在这种可能性的：尽管目前猪的大脑只能维持36小时活性，我们完全可以假设未来的科技能大大延长大脑的体外寿命。然而，这种大脑的生命是**拥有意识**的生命吗？在上述例子中，作为保护措施，水缸里加入了抑制剂，以确保大脑没有知觉能力，因此猪的大脑即便具备了相关的物质基础，也不会有整体活性和脑电响应。如果水缸中没有加入抑制剂，那么大脑会拥有意识吗？如果被分离的大脑产生了类似于猪死前不久在泥地里打滚时大脑产生的信号特征，这是否说明缸中之脑正在体验泥地打滚的欢乐呢？

有意识的主观体验似乎是建立在与肉体和外界持续互动的全局脑活动之上。因此，我们不得不假设超级计算机所模拟的感官刺激将维持大脑的全局活动，这种全局活动是有意识的、持续变化的且特征连贯的。除了接收与传递电信号之外，大脑还传递生化信号，因此，在依靠水缸里的营养液维持生命及与电脑交互的刺激之外，还需要有生化分子在水缸中传递，在恰当的时间点，通过合适的通路，到达正确的脑区。这样的水缸-电脑系统与有响应的肉体具有相似性。那么，在这个系统中是谁拥有意识？大脑？大脑-电脑系统？大脑-水缸-电脑系统？

缸中之脑

1.12 哲学僵尸？

僵尸，尸体复活得到的虚构对象，是许多恐怖故事的主角。僵尸缺乏自由意志，且心态异常（如果它们有心态的话），会去伤害有知觉能力的真实人类。哲学家借用这一通俗概念，进行深入而广泛的思考。

尽管哲学僵尸缺乏主观体验，但在物理水平，却无法将它与具备知觉能力的真实人类进行区分。如果你用力踢了哲学僵尸一脚，它不会感受到疼痛——但是，它会表现得好像它能感受到疼痛一样。一些哲学家认为，他们可以构想出每个原子都与人类相同但却缺乏主观体验的哲学僵尸。他们声称，如果哲学僵尸是可以构想的，那就证明了物质与精神是可以分离的，正如二元论者的立场。

然而，"可以构想"一词所表达的含义非常模糊。事实上，哲学僵尸的论据只是二元论立场的复述。它的前提条件是接受精神本体不是物质本体所必需的假设。倘若不预先接受这个假设，僵尸论据在逻辑上是显然矛盾的。

一个有趣而不落入逻辑矛盾的问题是，是否应当认为，在我们眼中其行为方式与拥有意识的人类的行为方式无异的、人工设计的硅基机器人是拥有意识的。拥有意识，究竟是取决于制造机器人的方式，制造它的材料，还是指导其行为的特殊过程？

对上述问题的原则性回答取决于每个人笃信的意识理论。二元论者认为，行为的复杂性与意识无关，而泛心论者则认为，只要意识的基本粒子以正确的方式进行组合，万物都能拥有意识。上述问题仅仅对物理主义者和自然主义者的意识理论具有意义。本书在后续两章中关于意识分布与演化问题的讨论也仅对物理主义者和自然主义者具有意义。

年轻哲学家的僵尸倒影

视角 2　谁拥有意识？

传说有些人曾想拜访赫拉克利特（Heracleitus），当拜访者们走进厨房时，看到赫拉克利特正在火炉旁取暖，他们犹豫不前。然而，赫拉克利特说："请进，别害怕，神无处不在，此处也不例外。"我们在进行研究时理应采取类似的心态，不要犹豫或者羞惭，应大胆地全面探索每一类动物，要知道，它们无不蕴含着自然或美。

——亚里士多德

舞蹈中的海葵千娇百媚:"它们无不蕴含着自然或美。"

2.1 生物学视角

哪些生物体拥有意识？众说纷纭。有观点认为从细菌到人类，整个有机体谱系看似都可能拥有意识，这一直饱受争议。笔者的观点是，学习的演化与意识的演化密切相关、相辅相成，这一观点将在"视角3"进行讨论。笔者曾写过一本关于意识演化的学术著作，彼时与很多人讨论了意识的起源问题。一次偶然的邂逅给我们留下了难以磨灭的印象。

当时，我们三人——伊娃（Eva）、西蒙娜（Simona）与安娜（Anna）——受邀前往牛津学院参加一场花园聚会。我们享用着草莓与香槟，谈笑风生，心情愉悦。这种非英式的欢笑吸引了一位满头银发的老人，后来我们得知，他是一位著名的哲学家。他在我们这桌坐下，询问我们是谁、做什么研究。

伊娃说："我们在写一本关于动物意识演化的书，探讨意识如何起源和何时起源以及之后又是如何演化的。"

"动物意识！"哲学家轻哼了一声，"无稽之谈！意识需要对感知对象与信念的觉知。仅当一个系统能够表征初级精神状态，也就是无意识精神状态时，才能称之为拥有主观体验。很大概率上，这个系统需要语言。除了人类，其他动物对所见所闻所感受的一切都毫无觉知。"

爱狗人士安娜听后颇为沮丧，问道："您养过狗吗？或者猫？"

哲学家微笑着说："是的，我有一只狗，它叫毕达哥拉斯（Pythagoras）*。"

西蒙娜问："那你回家时，它见到你是不是很开心？"

哲学家恼怒地叹气说："反应和感受是两回事，就像满院乱跑的无头鸡无法意识到任何事物一样，希望你至少同意这一点。退一步说，即使我无法否认狗确实有某种微妙的感受，但兔子肯定没有。"

我们写下这个故事，不是为了嘲笑这位哲学家，而是因为它让我们意识到，是时候该在心智讨论中引入生物学观点了。

---

* 古希腊哲学家、数学家。——译者

视角 2 谁拥有意识? / 033

小狗是怎么想的?

2.2 细菌拥有意识吗？

细菌拥有意识吗？生物心灵学家认为它们有。他们认为知觉能力是所有生物与生俱来的，其中包括细菌，但一杯茶或基本粒子是**没有**知觉能力的。19世纪的"实验心理学之父"威廉·冯特（Wilhelm Wundt）就是一位生物心灵学家。他认为，既然所有生命都是由某种易受到扰动的原生质物质构成，既然无法清楚地区分不随意运动与随意运动的界限（随意运动是冯特判断意识的标准），那么：

> 一种让人很难拒绝的猜想是，精神生活本身以及将其外化的能力都统一体现在可运动的实体*上。因此，当我们从观察者的角度去追溯精神生活的起源时，必须承认下述假设成立的可能性极高：自有生命起，就有精神生活。

21世纪的心理学家阿瑟·雷伯（Arthur Reber）赞同冯特的观点："意识、主观性及现象经验（或者如果你愿意的话也可称之为知觉能力），都是有机活体形态的固有特征。"

对生命而言，知觉能力不可或缺。细胞那不可思议的复杂性与适应性启发了这种信念。对活细胞而言，"灵性"（inwardness）意味着发生在有渗透性的细胞膜以内的事件——一种内部的分子骚动，一种动态组织复杂性，永不停息的自发的和半定向的交互流，细胞膜将这种活性实体与外界环境隔开，同时允许二者相互作用。细胞通过调控感受器与效应器、表观遗传（发育）记忆，以及评估反应的适应性的机制之间的耦合，来维持自身并完成自我更新。生物心灵学家声称，只有具备了感受与感知的能力，如此复杂的细胞才能得以生存繁衍。

生物心灵学家提出的问题与泛心论者提出的问题类似。单个细胞在微观水平的知觉能力如何相互组合并构成有意识的人类在宏观水平的知觉能力？如果知觉能力是生命所必需的，无意识的有机体又意味着什么？例如，深度昏迷意味着什么？

---

* contractile substance，原意为可进行收缩运动的实体，如动物中的肌肉细胞、植物中的收缩根等，此处与前文保持一致，简化为"可运动的实体"。——译者

"或许那稀泥里也有情绪的余烬、意识的原型?"

——丹尼斯·布雷(Dennis Bray),《湿件》(*Wetware*)

2.3 拥有意识的黏菌？

有人认为，拥有知觉能力的有机体必须足够智能，才能解决充满挑战性的问题。那么属于变形虫类的黏菌是否符合要求呢？多头绒泡菌（*Physarum polycephalum*）是一种亮黄色的黏液生物，单个细胞内含有大量细胞核，可长至几米长、重达20千克。它通过改变胞质的流动性而四处移动，变换形状。令全世界惊叹的是多头绒泡菌的认知能力，研究它的科学家感叹道："这提示了原始智能在细胞水平的起源。"

智能一词所表达的含义有时并不清晰，但学习能力与进行复杂决策的能力往往被视为评估智能的可靠标志。黏菌就具备上述两种能力。对于无关紧要的重复刺激，它们可以从最初的响应状态，逐渐学会忽视该刺激，最终不再响应。这种学习模式被称为习惯化，其过程并不是感官系统或运动系统的疲劳怠工。例如，黏菌可以学会忽视低浓度的奎宁与咖啡因的重复刺激，但仍完美地响应其他新刺激物。

黏菌也可以进行决策。让黏菌在迷宫里生长，当迷宫中固定的两个位置有它喜欢的食物（燕麦片）时，它会收回四散的触角，让其身体的分布恰好组成两个食物位点间的最短路线。这还不算什么：当人为调整燕麦片的分布，摆出东京和周边36个城镇的地图时，黏菌"以相当高的有效性、容错性和性价比"创造出了一个类似于日本现存铁路系统的网络。即使是让受过训练的人类工程师来做这个设计，画出多点之间距离最短的交通网络，也是困难的。

这些变形虫通过何种方式完成上述任务，目前尚不清楚。但是，其答案重要吗？它们通过习惯化进行学习的能力和进行复杂"决策"的能力，是否就是知觉能力的迹象？

生物学家托马斯·麦克布赖德(Thomas MacBride)形容它们是**优雅与美丽并存的奇迹**:黏菌体内未知的内在秩序赋予了它精妙决策的能力,使之硕果累累、代代兴旺

2.4 植物拥有意识吗？

没有多少人会支持黏菌具有知觉能力的想法，但令人吃惊的是，坚持认为植物拥有意识的人却不在少数。地球上99%的生物是植物，它们为我们提供赖以生存的空气、食物、栖息地和药物。我们欣赏植物的美丽，沉醉于它们的芬芳，并惊叹某些植物体形雄伟、寿命超长。植物的适应能力具有传奇色彩，而它们的感觉能力也超过许多动物。植物能感知各种光波与振动、识别空气传播的小分子与可溶性物质、感受重力与触觉。有些植物还会在受伤时从伤口分泌有毒物质，以此向自身其余部分传递伤害信息，并与邻近植物交流，甚至能将记忆痕迹传递给后代。在一本关于树的小说《上层林》（*Overstory*）中，理查德·鲍尔斯（Richard Powers）这样描述树木间的交流以及森林拥有的知识：

> 森林拥有智慧，它们在地底相互连接。那就是森林的大脑，不被人类的大脑所察觉。森林依赖具有可塑性的树根与突触般的真菌，来解决问题并进行决策。除此之外还能如何理解它？树木接连无尽，森林就有了觉知。

树木或森林是否具有知觉能力？是否真如一位植物学家朋友告诉笔者的，植物是"非常非常非常缓慢的动物"？植物使用电信号，以产生反射样的响应。当表面的细小毛发被昆虫和蜘蛛触碰时，维纳斯捕蝇草就会吧嗒一声合上叶子，关住它们。植物的某些属性是否类似于神经生物属性？这个话题长期处于植物生理学家和生态学家的争论之中。如果植物的生理属性与构成动物知觉能力的神经生理属性可比，如果植物的认知能力与具有知觉能力的动物的认知能力相当，那么植物具有知觉能力这一主张将获得支持。但事实果真如此吗？

动物与植物遵循不同的进化路径。植物固定不动，而动物可以运动。前者的转运系统与后者的神经系统在功能、结构与能力上均存在差异。植物的学习能力十分有限。也许我们缺少的只是一个用于形容植物"灵性"或"整体感官"的概念，而不应将其与意识混淆？

"植物的认知能力超越了自身,这促使我们重新思考植物的边界和环境的起点。"
——帕里塞(Parise)、加利亚诺(Gagliano)和苏扎(Souza),
《植物体内的意识延伸》(Extended Cognition in Plants)

2.5　海绵拥有意识吗?

动物是唯一具有知觉能力的存在吗?人类显然拥有意识,也显然属于动物,但动物性就是意识的充分条件吗?位于进化树底端的动物——缺乏神经系统与肌肉的扁盘动物(placozoan)和海绵动物(sponge)——是否也具有知觉能力?

扁盘动物是一种类似变形虫的小东西,它共有几千个细胞。我们很了解扁盘动物的DNA信息,却不太了解它们的生理特性,对其学习能力更是一无所知。目前尚不清楚,扁盘动物是否曾经拥有过神经系统,而后又丧失了,或者它们是否自祖辈起就一直处于"无神经"状态。花园里最不起眼的野草都比它们复杂得多。

另一种无神经的动物群体是海绵动物,它们色彩鲜艳,物种丰富。海绵动物在幼虫时四处游动,和某些单细胞有机体一样使用纤毛游泳,而成年后几乎一动不动。与扁盘动物类似,目前尚不清楚,海绵动物是否最初拥有过神经与肌肉,而后来又丧失了,抑或它们是否自祖辈起就从未有过神经。海绵动物有反射样反应与电信号,但二者都不足以成为动物性的标记物,毕竟植物也有。尽管某些基因既在神经元内表达,也在某些海绵动物的细胞内表达,然而生物的遗传工具常在进化过程中以新的方式被重新利用。至今无法断定无神经的海绵动物是否就是所有有神经动物的祖先。

人们对海绵动物的记忆、学习或智能一无所知。除了一条生物心灵学公理外,没有任何理论认为海绵动物拥有知觉能力。但至少,它们生机勃勃,这是无可否认的。

视角 2　谁拥有意识？　/ 041

这些无法移动的多彩生物会是所有动物的祖先吗？

2.6　神经系统的特殊之处

拥有知觉能力的前提条件是具备神经系统吗？毕竟，无神经有机体也能处理和传递信息——例如，单细胞内部的生化网络、黏菌的胞质环流和植物的转运系统。那么，神经系统的特别之处何在？

神经系统有五大特性：

· 网络连接：神经细胞形态特殊，胞体之间存在往返投射。利用这些投射，神经细胞彼此相连。神经元构成动态的神经环路与网络，层层相嵌。

· 统一语言：离散的神经电信号，即动作电位，是神经系统内部使用的通用语言。所有形式的感官刺激——光子、化学物质、热、声波、压力——都被翻译为这种通用语言。

· 特异联络：细胞间及细胞投射间的联络线路确保神经元交流具有高度精确性。以此为基础，进一步形成映射事物间关联的三维空间地图。

· 高速传递：电信号的高速传递使迅速应对变化成为可能。

· 新型记忆：记忆不仅仅存在于表观遗传水平、胞内生化环路及体内生物电场中，还被存储于细胞间的相互连接中。突触是神经元彼此相连的"位点"，其连接强弱受到活动调节，以此来保留过去活动的痕迹。因此，有神经的动物拥有多层级的神经元记忆：记忆不仅存储在神经元**内部**，还在神经元之间的突触连接里。

神经网络可以定位并更新外来刺激与身体刺激的变化特征。重要的是，它们用于协调适应性运动——即让动物四处走动，协调内部器官的运动，形成模型以完成有目的的动作。值得注意的是，几乎所有有神经的动物都拥有肌肉。神经元与肌肉是共同进化的吗？通过神经定位外部世界、身体与动作的能力是知觉能力的必要条件吗？所有有神经的动物都具备知觉能力吗？

作为信息处理器,神经系统既是复杂而高产的,又是灵活而天然的

2.7 优雅的水母，迷人的海葵

哪种动物最先拥有神经系统？这些新形成的神经系统对认知能力有何影响，又是否赋予动物知觉能力呢？

最简单的有神经动物并不具备大脑。它们的神经网遍布全身。例如精美的刺胞动物，地球上最美的动物之一，包括海葵、珊瑚和水母。水母从圆圆的身体中伸出水蛇般的触手，其中分布着特异化毒素细胞，它们拥有惊人的美丽，身体柔软、呈放射状，宛如神话一般。在希腊神话中，美杜莎（Medusa）*是一个蛇发女妖，头上长出数条长蛇，谁看她一眼就会变成石头。在诗人奥维德（Ovid）版本的神话中，美杜莎被海神波塞冬（Poseidon）强暴，因**他的**过失而受到诅咒，于是变为一头怪兽，被英雄珀尔修斯（Perseus）斩首。美杜莎的头颅被献给智慧女神雅典娜（Athena），镶嵌于女神的神盾之中。在现代隐喻里，美杜莎是女性力量、美丽与狂暴的象征，也是女性的保护者。

水母拥有多种感受器与肌肉终板，可以捕食其他动物、躲避捕食者、形成集群、迅速调整方向与目标，这都是无神经的多细胞有机体无法完成的。其中最令人印象深刻的，或许是致命的箱水母。和其他水母一样，箱水母有多种感受器，此外它们还有一种复杂的**感觉器官**：在箱形伞状体的4个侧面各有一簇眼睛，每簇6只，这24只眼睛共同凝望着世界。有一种箱水母会在红树林沼泽中栖息，它们能透过水面看着陆上地标，利用地表信息在沼泽里遨游。

水母有学习能力吗？目前仅知，对于可激起反射的刺激，如果刺激较弱且重复出现，它们可学会忽略刺激（习惯化），而如果刺激较强，它们的响应则会增强（敏感化）。尽管如此，它们能建立刺激之间的关联吗？能够通过一般情况下无关痛痒的中性刺激来预测与之相关的显著刺激吗？呜呼，从未有过研究水母关联学习能力的报道。关于关联学习的个例报道仅在海葵中有过。海葵虽然固定不动，但这种优雅生物可以迅速地移动触手、戏剧性地改变身体形状，就像水母一样进行学习。这种有限的学习能力是否暗示了意识的存在？

---

* 与水母（medusae）的英文发音一致。——译者

神话传说中人们看一眼美杜莎就会变成石头,而在现实中,被水母蜇过的人会休克甚至死亡

2.8　有头脑的蠕虫

知觉能力是否需要大脑？在拥有大脑的动物中，最简单的一种是令人毛骨悚然的蠕虫，包括环节虫、扁虫与线虫等。这群动物定义不明，无足而细长，身体双侧对称。有些蠕虫体形极小，但对所有蠕虫而言，都有一簇致密的神经网络分布在躯体一端，这里汇集了大部分的感受器。也就是说，蠕虫拥有一个信息交流中心，即大脑。

蠕虫向我们展示了一个极简大脑所对应的行为适应能力与学习记忆水平。秀丽隐杆线虫（*Caenorhabditis elegans*）身长1毫米，通体透明，独立生存（非寄生）。致力于研究秀丽隐杆线虫的凯瑟琳·兰金（Catharine Rankin）惊叹道："有什么是线虫学不会的？"她的结论是，几乎没有。线虫虽然没有眼睛，但拥有嗅觉和味觉，可响应氧气、温度和压力。通过这些受限的感官，线虫可以学会趋近或回避味道、气味或温度来预测周围是否有食物；可以区分同时出现的奖赏信号与惩罚信号；可以整合来自多种感官的信号；可以在迷宫中自由探索；可以识别出曾遭受过奖赏或惩罚的环境；甚至可以进行决策。

东亚三角涡虫（*Dugesia japonica*）是扁虫的一种，也是最简单的蠕虫之一。它们利用原始的眼睛来响应外部世界并学习动作，也能辨别化学梯度、振动和电磁场。涡虫拥有最佳的再生能力，被切碎后可以重新长出头尾。如果涡虫的头被砍下，新长出的头还会记得从前学过的东西吗？新老实验都证明它会。记忆是分散式的：它存在于大脑中、周围神经环路中、单细胞中、分子中，甚至电场里。

只有拥有大脑的动物才有把多种次要中性信号与显著信号进行关联的学习能力。通过关联学习，与自我相关的一切——外部世界、自身躯体、动作范围——都大大扩展了。这对蠕虫及其他所有具备大脑的动物都成立，例如海参、蜗牛、鱼类和飞蝇。

是否每一类拥有大脑的生物都拥有意识？蠕虫大脑展示出的智力水平是否表明了知觉能力？大脑结构在其中起到关键作用吗？关于动物意识，如今有哪些共识？

"从形态各异的初始状态起,生成特异化的解剖结构,并在发育到正确形态时精确地终止,这种能力及其背后的机制是当今发育生物学与再生医学领域尚未解决的重大难题。"

——迈克·莱文(Mike Levin)

2.9 模糊的共识

20世纪末，科学家开辟出一块新领域——意识研究，对处于警觉、睡眠、做梦、昏迷、吸毒及紊乱状态下的人脑活动特征进行研究。他们尝试对比不同状态下的意识水平，来获取意识状态的神经特征。例如，向正常状态下的受试者展示一朵蓝色的花，受试者会报告"我看到一朵蓝花"。有趣的是，若在受试者走神期间进行展示或展示时间极短，受试者则会报告"我什么都没看到"。而此时如果让受试者猜测看到了蓝花还是黄花，受试者一般会猜蓝花。通过分析这两种状态下大脑活动的差异，就可以确定"看见"这一意识状态的神经对应物。

人类从不怀疑自己拥有意识，因此便以人类在行为水平、认知水平和神经层面的特性为基准，作为判断其他动物意识状态的标准。若它们展示出的大脑活动、认知能力和行为都与人类相似，那么便认为它们是拥有意识的。

近年来逐步形成了关于动物之中意识分布的模糊共识。2012年《剑桥意识宣言》(*Cambridge Declaration on Consciousness*)写道：

> 证据一致表明，非人动物拥有意识的神经解剖、神经化学和神经生理底物，同时有能力展现出具有意图的行为。因此证据权重显示，在拥有产生意识的神经底物这方面，人类并非独一无二。包括所有哺乳类和鸟类在内的非人动物，以及包括章鱼在内的许多其他生物，也都拥有这些神经底物。

文中所说的"其他生物"是哪些动物？是否**所有**脊椎动物——鱼类、两栖类、爬行类、鸟类和哺乳类——都拥有意识？昆虫是否也算在内呢？为何纳入了章鱼？这些有意识动物的"神经底物"又是什么？

在拥有产生意识的神经底物这方面,人类并非独一无二

2.10 鱼类拥有意识吗？

人类属于脊椎动物。我们与同一动物门下的其他物种高度同源——由于拥有共同祖先而产生的相似性——包括鱼类、两栖类、爬行类、鸟类及其他哺乳类动物。两个物种的共同祖先在时间轴上距离现在越近，则二者的同源性越高。

可以沿时间轴回溯到多远呢？起初，鱼类在5亿年前出现，它们是脊椎动物中物种丰富度最高的一类。鱼类拥有完整的中脑与基底神经节结构，这两个区域在人脑中负责对外部世界及自我的觉知。鱼类可以学会在复杂环境中导航，它们还会使用工具。在引诱、竞争或选择伴侣时，鱼类能够区分出复杂视听信号的细微差别。例如，雄性白点河豚会筑造异常奢华的巢穴以吸引雌性，其身长仅2厘米，却能用自己的躯体与鳍，在海床上画出2米宽的沙圈，并在沙圈内部勾勒出复杂而对称的图案，以及添加贝壳碎片作为装饰。雄性白点河豚还会在最内圈区域精心铺上细沙，如果雌性心仪这个曼荼罗图样的沙圈，就方便在细沙上产卵。

查尔斯·达尔文（Charles Darwin）认为这种区分不同形态和样式特征的能力就是精神活动的标志（在达尔文所处的时代，"精神活动"是意识的同义词）：

> 如果有人同意性选择理论[通过选择性状来提高获取和筛选伴侣的成功率]，那么他将得出这一非凡的结论：皮层系统不仅调控躯体的大多数功能，而且间接影响多种身体结构和特定**精神气质**的发育过程。两种性别均能间接地获得各种特质：胆量、好斗程度、毅力、身体力量与体形、各类武器、负责声音和鸣叫的相关器官、明亮的色彩、斑纹和装饰性的附带结构，这些会受到喜爱与嫉妒的影响，并基于对色、声、形中美的欣赏，最后行使选择的权利；而上述这些与心智相关的控制力显然都依赖于皮层系统的发育。（着重强调）

达尔文是正确的吗？这种判断力与决策力足以让鱼类拥有意识吗？雌性河豚是否对雄性河豚筑起的曼荼罗沙圈产生了视觉体验？

视角 2　谁拥有意识？　/ 051

沙雕家——河豚

2.11 爬行动物拥有意识吗？

意识是否需要鱼类所不具备的额外能力？作为首位上岸居住的脊椎动物，两栖类是否拥有意识呢？有些科学家认为，拥有意识的动物要能够玩耍、睡觉、做梦、回避有害刺激，并且在目标暂时隐匿、无法被直接感知时，有绕道迂回获取目标的能力。他们认为这些能力首先在爬行类身上出现。

毫无疑问，爬行类动物符合上述要求。乌龟有玩耍的能力，例如，原本无聊自残的尼罗软壳龟（Nile soft-shelled turtle）会和放入池中的物体玩耍。它会用鼻子推着篮球跑来跑去，在水中弹呼啦圈，还会调节水管的位置，让水管对着自己的脸喷水。另一个例子是，蜥蜴能学会回避有毒的食物，并且在多个容器里只有一个有食物作为奖励的时候，它们可以根据容器盖子的不同颜色找出那一个。亚罗多刺蜥蜴（Yarrow spiny lizard）可以在看不见家的情况下导航回家，它们能使用脑中的认知地图和头顶的"第三只眼"（由皮肤下的光感受器组成的结构）作为天文罗盘，导向家的方向。澳大利亚石龙子（Eastern water skink）可根据捕食者攻击位点的变化重新评估避难所的价值。此外，爬行类动物也许还会做梦：一种大型澳大利亚蜥蜴鬃狮蜥（bearded dragon）会经历快速眼动（REM）睡眠。在鸟类和包括人在内的哺乳动物中，REM睡眠都与做梦相关。

鱼类和两栖类是否缺乏爬行类的学习能力与情绪能力？我们现在知道鱼类和两栖类可以玩耍，能学会回避有害刺激，会进行空间导航，甚至有一部分还善于抚育后代，例如尽心尽力的鳄鱼妈妈。我们还知道蟾鱼在被电击时会发出哼哼声，经历多次电击后的蟾鱼在仅仅见到电极时就会发出哼声。它们是由于预见了即将到来的疼痛而恐惧吗？

我们不知道鱼类与蛙类是否会做梦，但对鱼类的认知能力则颇有了解（对两栖类却多有欠缺）。惊人的是，许多鱼类拥有比大多数爬行类更大的大脑，且智力水平出众。巨型蝠鲼会照镜子，并欣赏自己在镜中的身影。它们或许拥有自我意识，因为它们从不试图与镜子中的自己互动，只是对着镜子移动鱼鳍、吹泡泡和绕圈圈，而在爬行类中却从未观察到这种行为。如果爬行类动物真的拥有意识，我们又是基于何种理由否认鱼类与两栖类拥有意识呢？

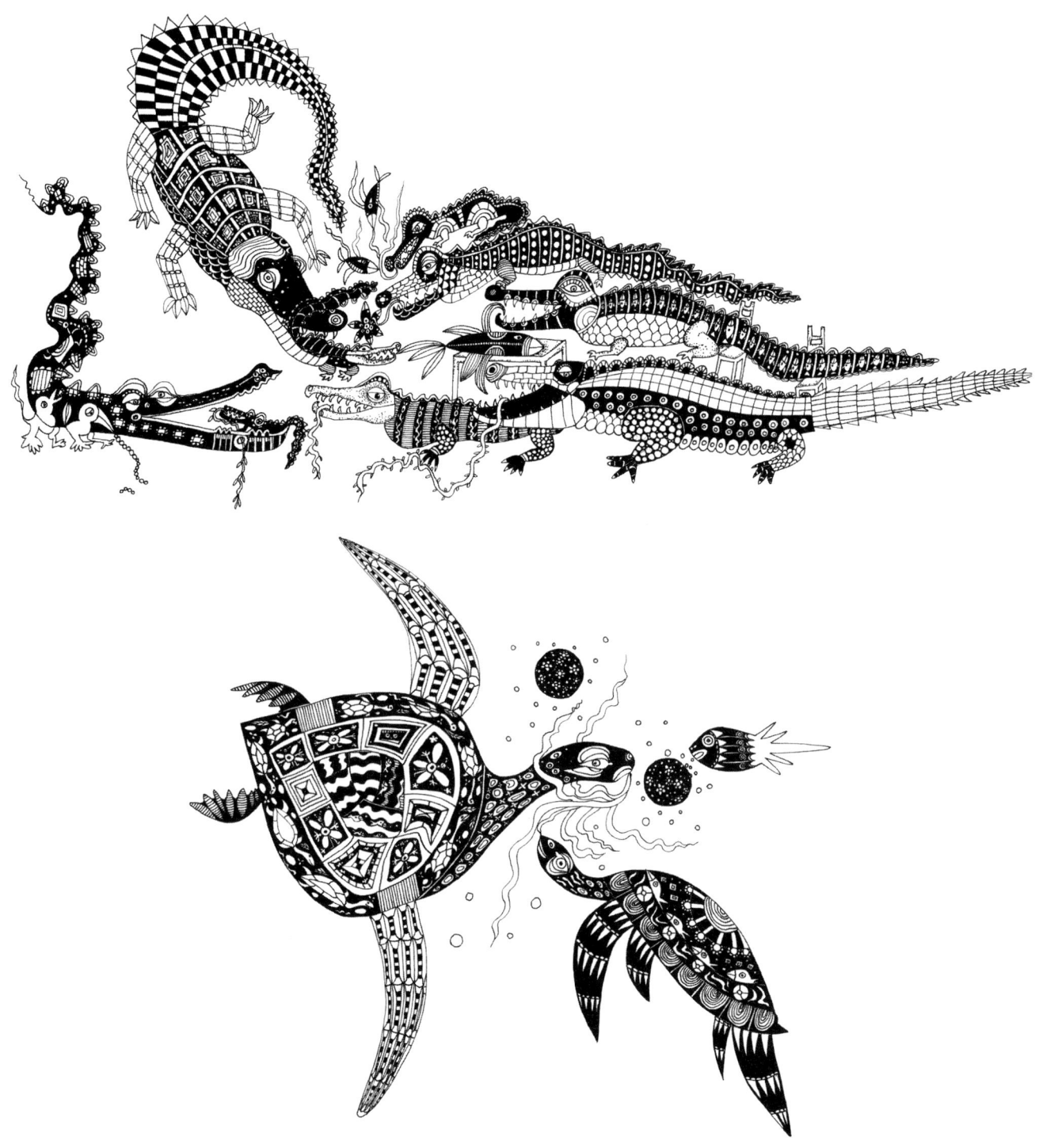

充满母性和保护欲的鳄鱼，贪玩的海龟

2.12 脊椎动物：鸟类与哺乳类

非人哺乳类的大脑组织，包括新皮质结构（位于大脑外层，哺乳动物特有，是高级心智功能的基础）在内，都与人类十分相似。这些动物的智力水平与情绪敏感度使大多数生物学家相信，哺乳动物拥有主观体验。说到这里，狗、猩猩、海豚和大象的形象浮现脑中。除了这些聪明的动物，还有许多其他哺乳动物，例如大鼠、山羊和猪，也都令人印象深刻。

两只英国小猪兄弟的故事在全世界范围内吸引了无数读者，它们钻过篱笆、游过埃文河、躲过屠杀。童话故事里的小猪兄弟被赋予了想象色彩，而在现实生活中，猪的聪明与灵敏程度的确也令人称奇。它们会被同伴的恐惧或愉悦所感染，能够识别自己族群里的每一个同伴，并与同伴合作和相互学习。它们喜欢玩耍，能在复杂的迷宫中定位物体，会响应人的口头指令，还能学习复杂符号组合并做出相应的行为。它们甚至能操纵游戏杆来移动屏幕上的光标，并利用镜子找到隐藏的食物。

因为鸟类没有新皮质，所以鸟类的意识水平曾受到质疑。然而，研究显示，鸟类与人类在神经解剖和发育方面具有高度同源性，在哺乳动物意识状态的神经生理对应物上也高度同源，例如有相似的清醒脑电特征。鸟类与哺乳类动物处于同一智力水平。所有鸟类有可能都会做梦，也许还会模仿歌曲、呼叫声和人声。乌鸦可以操控工具，喜鹊可以识别出镜中的自己，西丛鸦记得何时何地抓住了什么食物。著名的灰鹦鹉亚历克斯（Alex）可以数数、给物品分类和提问。它的训练者艾琳·佩珀伯格（Irene Pepperberg）认为，灰鹦鹉的智力水平堪比猩猩和海豚，在某些方面甚至可比肩5岁的孩童。

在关于动物意识的共识里，哺乳类与鸟类无疑位于中心位置，但它的边界却模糊不清。少部分学者宣称意识是人类独有的，而另一部分则坚持认为，不仅鱼类拥有意识，而且昆虫和头足类动物（例如章鱼、鱿鱼、乌贼）也拥有意识。后一类学者虽然尚属于少数派，却人数渐增。既然昆虫和头足类动物的大脑与脊椎动物的大不相同，那么上述论点是基于这几类动物在行为上的相似性吗？这些动物的大脑具有深层的功能相似性吗？

视角 2　谁拥有意识？　/ 055

鸟儿与刺猬共进晚餐
大象携猫咪同来，
金钱豹和陆龟自在栖息
无人引领，也无约束

——简·莫奈（Jane Monet）

2.13 某些节肢动物呢?

> 不要打呀:
>
> 苍蝇在搓它的手,
>
> 搓它的脚呢!
>
> ——小林一茶(Kobayashi Issa)

这首俳句所表达的同情心是否太过泛滥? 从生物学角度应如何看待苍蝇和其他节肢动物(包括昆虫、甲壳动物、蜘蛛与多足纲)的主观体验?

尽管节肢动物大脑的解剖结构与脊椎动物的全然不同,它们却具有类似的功能架构,而这种功能架构恰是脊椎动物基本意识的基础。这两种大脑类型都具备功能特化的环路,专门用于处理身体位置信息,并整合外部环境中持续输入的多模态感官信息。动物们能结合感官信息与外部刺激可能带来的奖励或惩罚,来决定下一步该做什么。

螯虾似乎具备感受能力。螯虾不喜光,天生偏好待在Y迷宫的黑暗臂。然而,如果身处黑暗臂时被暴露于令其紧张的电场中,螯虾则不再主动进入黑暗臂,即使此时已撤走电场。与哺乳动物类似,压力会提高螯虾体内的神经递质5-羟色胺水平,而在注射具有舒缓压力功能的药物之后,螯虾会逐渐平静下来。

作为遗传学家最爱的实验对象,果蝇(*Drosophila*)也展现了惊人的学习能力。它们可以整合多模态信息,例如嗅觉信息与视觉信息,并进行关联学习,建立中性(不感兴趣的)气味或视觉刺激与另一个厌恶性刺激(或吸引性刺激)之间的关联。

社会性昆虫展现出惊人的智力水平。蜂类可以区分不同的图案和使用抽象概念,并能相互学习。某些蜂类(例如蜜蜂)会交流食物位置与巢穴地点的信息,在获得奖赏后加倍工作,在接受惩罚后则倾向于放弃。1901年,莫里斯·梅特林克(Maurice Maeterlinck)钦佩地写道:

> 毫无疑问它们彼此相互理解;否则,这数千个精神孤岛绝不可能在沉默中维系如此庞大的共和国,它们分则各异、合则非凡。

节肢动物拥有意识？

2.14 头足动物什么情况?

从我们脊椎动物的视角来看,头足动物的大脑最像外星人——想想鱿鱼、乌贼和章鱼。它们没有骨骼,却有三颗心脏将蓝色血液泵至全身。它们的皮肤上分布着光敏细胞,可以控制身体颜色与图案,方便伪装,甚至以此来表达情绪。乌贼在REM睡眠中产生波浪般变化的颜色,其他动物利用光感受器识别颜色,乌贼则通过其W型的瞳孔放大色差来辨色。它们体内的神经元数量比小鼠更多,然而其中三分之二都分布于灵活的多功能触手中。尽管在很大程度上接受大脑的调控,这些触手仍具有高度自主性,宛如即兴演奏的爵士乐手。

尽管章鱼如此特异,它们在警觉状态下的神经电特征与脊椎动物是类似的,认知能力也是。它们可以对物品进行分类,通过大小、形状、口味、气味与密度等标准进行区分;将身体颜色与环境的颜色特征配对,与同伴彼此发送颜色信号;在复杂的迷宫中找到出口;在两个水缸中往返爬行以进行捕猎;通过观察其他章鱼而迅速学习;使用废弃的椰子壳自我保护。乌贼会记得自己在何时何地做过何事。头足类动物似乎还能表达愤恨:如果被投喂了次等食物,章鱼会耐心等待,直到饲养员观察它时,也只在此时,章鱼才把食物倒入排水管中。然而,大部分头足类的寿命只有一年或两年。它们是否凭借高超的智力来捕捉神出鬼没的脊椎类猎物,也借此来逃避那些追逐鲜美肉质的捕食者?我们能想象自己成为一只短命而聪明的章鱼是怎样的吗?

> 章鱼在陶罐,
> 犹自沉醉黄粱梦,
> 夏夜月满天。
>
> ——松尾芭蕉(Matsuo Basho),1688

章鱼、乌贼和鱿鱼：意识存在于触手之中吗？

2.15 只有人类拥有意识吗？

毫无疑问人类是拥有意识的，尽管有些西方白人男性一度认为部分群体（孩子、女性和非白人男性）的意识程度较低。另一方面，有些哲学家认为动物不拥有意识。17世纪牧师、理性主义哲学家尼古拉·马勒伯朗士（Nicolas Malebranche）深受笛卡儿影响，他主张：

> 它们［动物］进食而不感到愉悦，哭泣而不苦于疼痛，生长却对此毫无察觉；它们不会渴求，亦无恐惧，一无所知。

这类"野兽即工具"的观点曾为动物活体解剖实验正名。它背后的理由多种多样，但都基于同一个前提假设，即动物不像人类那样具有知觉能力，或者说，动物没有"感觉灵魂"，因此不会感到受折磨。到了现代，关于仅有人类具有感觉能力的主张背后的根本原因并未完全改变，需要注意的是，类似于"**理性灵魂**"，或更准确地称为**元**认知，是动物具有感受能力的必要条件。也就是说，要具备思考能力，则必须对思考本身进行思考，而要具备感受能力，则必须对感受本身进行思考（或感受）。如果没有这种元认知或高阶思维（higher-order thoughts），那么一个人在哭泣时就不会感到疼痛，感知视觉图像时无法真正看见，逃离野兽追捕也不能感到恐惧。既然除了人类，只有高级猿类可能具备高阶思维能力，那么也只有人类和高级猿类拥有意识。

许多高阶思维理论学家将意识与人类的语言能力进行关联。他们认为，既然人类语言是符号化和表征化的——例如，被感知到的猫咪由**猫咪**一词进行表征——语言参与人类构建自我概念的过程，而自我是指具有感知与感受的个体。因此，只有具备语言能力的人类才能意识到自己在感知或感受什么，而缺乏语言能力的婴儿与动物则被视为无意识的。

随着对动物行为、神经病学、学习能力、异我分辨能力的研究，如今越来越少的学者坚持上述观点。对于大多数人而言，"理性灵魂"是人类意识的标志，而意识多样性以及人类意识与其他动物的意识之间的连续性与不连续性，一直是学者们关注的焦点，并持续激发他们的想象。

倭黑猩猩会说的词语数量远少于人类，但在艺术家眼中，它的眼神传递更多的情绪与共情。因为倭黑猩猩的目光落在别人身上，而人只在关注自己

2.16 意识的社交维度是什么？

社会性动物无法独自生存，例如蜂类、蚂蚁、海豚、鹦鹉和人类。他们必须与家庭成员及组内成员互动，来维持其赖以生存的社会结构。具体来说，人类和其他动物通过多种交流方式共享信息和相互学习，进行劳动分工和集体决策，并利用节奏感和情绪的可传播性来同步彼此的活动与情绪。社交注意、社交情绪和社交认知是社会性动物意识的重要方面。他们似乎有一张"社交地图"，以此指导情绪、学习和行为的发展。每一个个体都将社会结构与社会关系内化于自身之中。遗传偏好、社交学习和生态遗留物相互结合，共同作用于"社交属性"的内化过程。

这种社会结构和社会关系的内化过程将重塑群体传统。例如，大猩猩有使用工具的传统，鸟类与鲸会传承有地域差异的歌唱方式，但没有一个物种像人类这般沉浸于文化氛围并依赖于文化传统。人类通过宗教仪式、神话、故事、艺术、道德及其他规范来内化"社交属性"。卡尔·荣格（Carl Jung）推动文化内化的概念进一步发展（也可能是倒退），将之有争议性地引入到系统发育学（演化史）中。他认为每个人类个体都拥有象征性的集体意识，这种独特而又原始的意识层次是人类系统发育史的灵性博物馆。1936年，他写道：

> 我们直接体验到的意识在本质上是完全个人化的，而且我们被认为是唯一存在的经验主体……此外，还存在另一个心理系统，它是集体共有的、超越个人的，且在所有个体中完全一致的。这种集体无意识并非由个体单独发展出来，而是遗传的。它由多种预先存在的形式（原型*）所构成。这些原型只能在意识重复出现时，才成为意识的一部分，并且赋予某些心理内容的明确形式。

神话和常用符号都表达了这种集体无意识，例如许多文化中都有的曼荼罗图案。我们对人类文化-符号传承的理解是否足以解释这些文化共性呢？

---

* 荣格认为，集体无意识包括了人类特有的原型和符号，只有当我们意识到某些特定内容时，这些原型才会变得意识化，即原型是被动地从无意识浮现到意识中的。——译者

在许多灵性传统中,曼荼罗是自我的标志

视角 3　意识是如何进化的？

只有通过了解心智的演化过程,才能理解心智。

——赫伯特·斯宾塞(Herbert Spencer)

寿命天赋俱相当

所知不高也不低

小人儿倚着休息

在大象大脚趾边

——简·莫奈

3.1　引言：为何要从进化角度研究意识？

正如前文所述，自然主义者为"谁拥有意识"这个问题提供了多种答案。他们的观点都基于一个常识，即越接近人类的动物，越有可能拥有意识。然而，这种想法的适用范围尚无定论。从"所有生物都拥有意识"的一个极端过渡到"只有人类拥有意识"的另一个极端，众说纷纭。

从常识出发总是好的，却还远远不够。想要识别拥有意识的动物，首先需要形成一套关于意识的**理论**。若无理论，我们就无从得知意识的构成要素和组合方式。但究竟需要怎样的理论呢？基于进化推理的理论显得格外有价值。在生物学领域，进化论是最强大的理论，也是所有生物与心智相关理论都必须跨过的概念瓶颈。如果某个生物学（或心理学、社会学）理论与进化论不相容，那么其中可能包含了极为严重的错误。因此，进化论可用于评估某一理论是否符合现实的要求。

进化角度的思考始于从无知觉有机体向有知觉有机体的转化过程。这种思考方式除了能测试是否满足实际情况外，还能带来别的好处。在有知觉有机体最早出现时，还不具备后期逐渐进化形成的那些结构与功能，而这些结构与功能恰恰具有误导性。例如，假如我们缺乏相关的进化知识，我们很有可能会断定，一个近期才进化形成的脑区（它现在控制那些在远古时期负责意识的结构）对于**所有的**意识形式都是必要的。思考意识最早出现的形式，让我们能够识别适用于所有有意识有机体的基础过程与基本原则，并为"谁拥有意识"这个问题提供实验性的解答。此外，关于意识的理论还能告诉我们意识首次出现的时间、环境条件、早期功能、进化次数，以及它是否在某些分支中逐渐丧失，如何进化形成更加丰富的新形式，以及将来可能发展出哪些形式。

就像所有的科学理论一样，进化论一直处于更新之中，不断被挑战和扩展。既然它是构筑意识理论的基础，笔者将首先简要勾勒出现代进化论的框架。

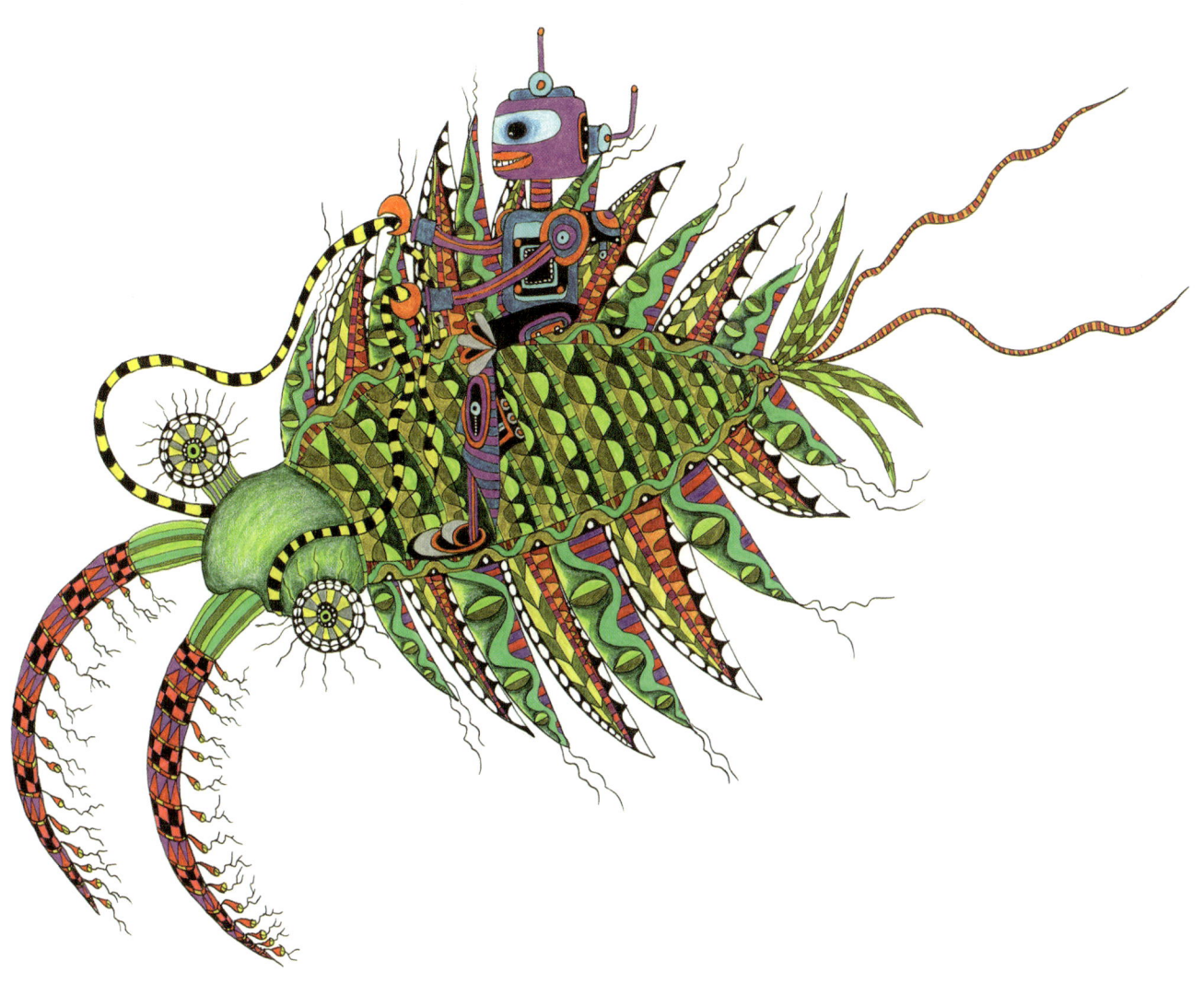

过去与未来的意识形态

3.2　进化论

进化论看似简单，实则具有迷惑性。因此，许多人虽然仅仅粗略涉猎，却自以为了然于心。进化论的基础假设确实简单。让-巴蒂斯特·拉马克（Jean-Baptiste Lamarck）最先进行了系统性的探索，达尔文紧随其后。他们提出的假设是，所有生物都有一个共同的祖先，或者极少数祖先。这就是**后代渐变**原则：所有生物都是远古祖先的后代，都是修饰渐变的版本。第二条原则是**自然选择**原则，也是达尔文进化论的核心：如果有机体拥有更加适应环境的遗传突变，则更容易产生更多后代。达尔文证明，将这个简单的过程不断递归，可以解释复杂器官的进化过程，例如眼睛的进化，甚至可以结合可信的辅助假设来对现有物种及其地理分布做出解释。

在《物种起源》（*The Origin of Species by Means of Natural Selection*）的最后一节，达尔文总结道：

> 凝视树木交错的河岸，许多种类的无数植物覆盖其上，群鸟鸣于灌木丛中，各种昆虫飞来飞去，蚯蚓在湿土里爬过，并且默想一下，这些构造精巧的类型，彼此这样相异，并以这样复杂的方式相互依存，而它们都是由于在我们周围发生作用的法则产生出来的，岂非有趣之事。这些法则，就其最广泛的意义来说，就是伴随着"生殖"的"生长"；几乎包含在生殖以内的"遗传"；由于生活条件的间接作用和直接作用以及由于使用和不使用所引起的变异；生殖率如此之高以致引起"生存斗争"，因而导致"自然选择"，并引起"性状分歧"和较少改进的类型的"绝灭"。这样，从自然界的战争里，从饥饿和死亡里，我们便能体会到最可赞美的目的，即高级动物的产生，直接随之而至。认为生命及其若干能力原来是由"造物主"注入到少数类型或一个类型中去的，而且认为在这个行星按照引力的既定法则继续运行的时候，最美丽的和最奇异的类型从如此简单的始端，过去，曾经而且现今还在进化着；这种观点是极其壮丽的。*

---

*译文引自达尔文著，周健人、叶笃庄、方宗熙译，《物种起源》，商务印书馆，1997年，第556—557页。——译者

达尔文提出了自己的想法后,各类科学家都试图凝练总结他的观点。例如,在20世纪,约翰·梅纳德·史密斯(John Maynard Smith)将自然选择的进化过程细分为4个基本步骤:

(1)繁殖:由一个实体产生两个或更多其他实体。

(2)突变:实体之间不完全一致。

(3)遗传:龙生龙,凤生凤。父代携带的X突变通常使子代具备X性状而鲜有Y性状。

(4)竞争:某些遗传突变有利于自我保存和繁殖后代。

尽管这些过程听着简单,但当我们仔细思考时,便惊叹于进化论之庞杂,其中涉及多种繁衍方式与各类遗传突变。与20世纪大多数生物学家一样,梅纳德·史密斯专注于基于DNA的遗传多样性研究。但是,自20世纪早期起,所有进化都由DNA突变驱动的想法已不再流行。目前

加拉帕戈斯群岛上的动植物启发了青年达尔文的思考

认为，DNA本身、基因表达特征、行为水平及文化水平的遗传突变都十分重要。这些遗传单元里的突变可能是随机产生的，也可能受到遗传和发育相互作用的部分引导。例如，在发育过程中，充满压力的环境可诱发基因表达的变化，这种变化可传给后代。此外，科学家普遍认为，选择过程存在多个靶点，也发生在多个水平，包括个体内部、个体间及谱系间，而且有机体之间的界限是模糊的。（例如，肠道共生菌是你身体的一部分吗？）关键是，在自然选择过程中，有机体并非被动的对象，而是主动地创建了它们的生存环境，同时在其中经历被选择的过程，并将这些生态遗产留给后代。

那么，应该如何进行进化分析？我们可以从分子遗传水平、生理发育水平、行为水平或文化水平开始，追踪各个层级的进化改变。然而在这些层级中，由于有机体为适应外部环境及内部基因组的持续变化，不断调整自身行为与生理过程，所以文化水平与行为水平的适应经常先于遗传改变发生，并塑造了选择突变所发生的环境。接下来，适应性行为或发育变化的遗传改变，如稳定或微调，才会发生。正如进化生物学家玛丽·简·韦斯特–埃伯哈德（Mary Jane West-Eberhard）所说："在进化过程中，基因是追随者，而非领导者。"

在21世纪，包括笔者在内的越来越多的生物学家正在接受这种研究进化的新策略，综合思考DNA水平、发育水平、行为水平及文化水平变异的整体效果。

视角 3　意识是如何进化的？　/ 073

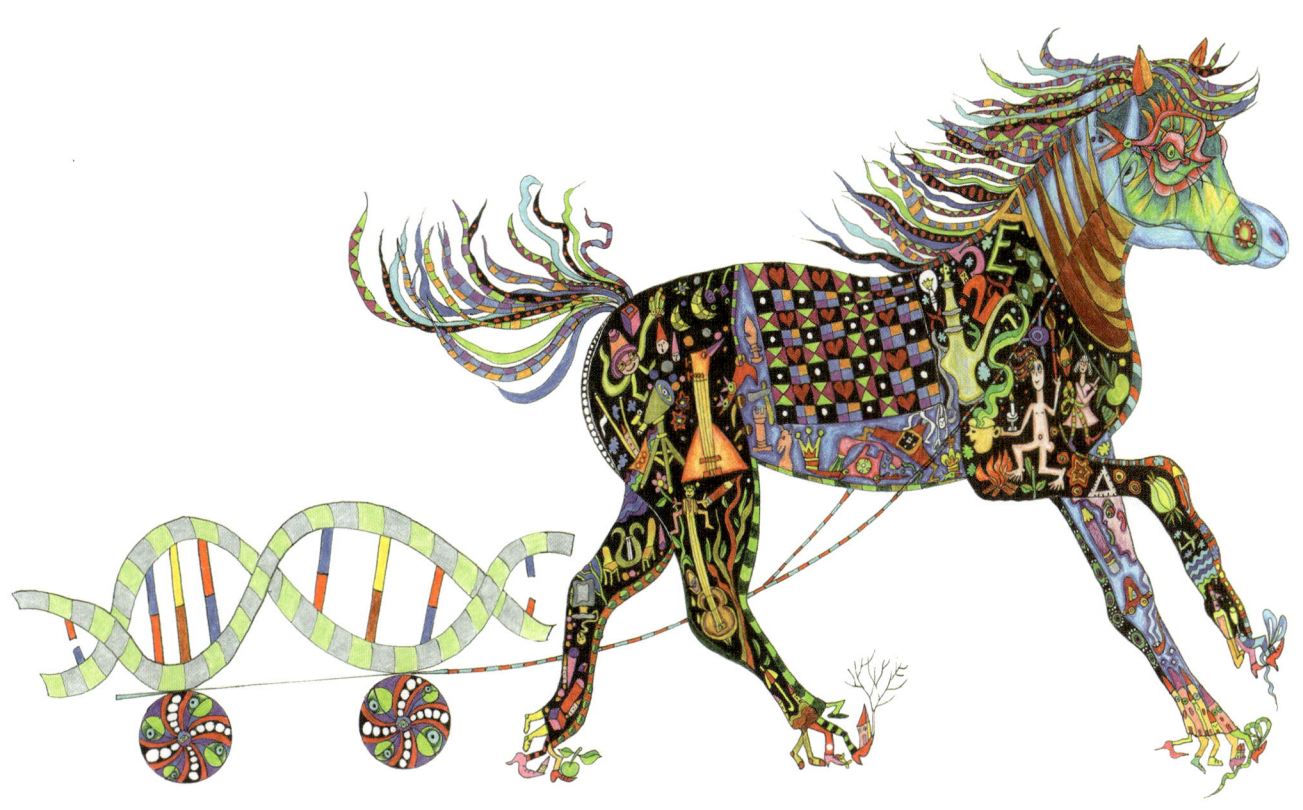

基因是追随者

3.3 进化转变

若要思考从无知觉有机体向有知觉有机体转变的进化过程,应从何处下手?可采用多种方法对生物界进行划分,然后思考不同生命形式和存在方式之间的进化转变。生态学家依据生存模式进行划分,如陆生、水生和气生三种模式,然后研究从水生向陆生转变或从陆生向气生转变的过程。相比之下,进化生物学家约翰·梅纳德·史密斯与厄尔什·绍特马里(Eörs Szathmáry)则依据信息存储、处理与传递方式的质变过程,将进化转变划分为几个主要阶段,例如从单细胞向多细胞有机体的转变、从无语言交流向符号化语言交流的转变。

哲学家丹尼尔·丹尼特(Daniel Dennett)提出思考全谱系生命模式的新框架,他将选择过程分为4个逐渐复杂、层次嵌套的类型,共同构成了他所命名的"生成与测试之塔"(generate-and-test-tower)。位于第一层的有机体只能通过自然选择的进化方式来适应环境,例如细菌、海绵动物和植物。第二层则包含了蜗牛、鱼类和小鼠等有机体,它们不仅在进化过程中进行自然选择,还能在有限的生命中利用试错学习与选择性强化来适应环境。第三层的有机体可以通过想象中的动作与场景进行选择,例如大象、海豚和猩猩。而人类具备更高级的能力,能够对抽象符号及其所表征的可能性进行选择,并受到文化选择的影响,因此位于第四层。

上述几种分类方式都未明确提及知觉能力。然而,知觉能力乃是亚里士多德论点的核心,这在本书"视角1"中略有提及。亚里士多德依据目标导向的差别,提出三种层次嵌套的"灵魂"类型,或称为有机体模式:像植物这样的无知觉有机体具备"营养–繁殖灵魂",以生存和繁衍为目标;有知觉有机体具备"感觉灵魂",其目标是满足欲望和需求;而人类"理性灵魂"的目标是满足符号化的抽象价值,例如正义和美。在另一本著作《敏感灵魂的进化》(*The Evolution of the Sensitive Soul*)中,笔者将亚里士多德提出的层级结构放入进化论框架中,为解释向生命、知觉能力和反思能力的进化转变构建了统一体系。

视角 3　意识是如何进化的？　/ 075

丹尼特的生成与测试之塔

3.4　从进化转变的角度思考意识

在对意识的定义和范围存在严重分歧的今天,应如何建立关于意识的进化理论? 笔者解决问题的方案受到匈牙利化学家蒂博尔·甘蒂(Tibor Gánti)的启发,借鉴了他在解决"生命如何起源"这一类似问题时所采取的思路(此处的"生命"也是一个模糊的概念)。甘蒂首先在关于生命本质的不同观点中寻找共识,而后编纂了一份清单,列出最简生命形式所必备的各种能力(即充分条件),依此提出具备上述所有能力的最简生存系统的理论模型。

效仿甘蒂的研究方法,我们的第一项任务是确定一份能力清单,大多数意识领域研究者视其为有机体具备最低意识水平的**充分**条件。满足清单条件的有机体当具备感知、感受和思考的能力,至少其自身会这样认为。

列出意识所必备能力的共识清单是第一步,但要穷尽这份理想化清单的每一项却难以达成。更何况,这份清单能够提供的信息十分有限,我们无法从中得知各项能力如何交互而构成有意识的生物。若能找到某个单一的系统属性,即意识的进化标记物,以指代有机体已处于完备的状态,即具备清单上**全部**能力,那将事半功倍。只有找到用于诊断意识的单一**进化转变标记物**,我们才能判断进化过程中最简单的意识形式,以及重塑具备意识所需的生理过程、结构基础和具体的互作方式。若能够跟踪该标记物的进化途径,即意识的进化途径,我们将回溯到有意识生物起源的时刻,重现其诞生过程。

届时我们将看到,三种存在模式——生命、生命–意识系统,以及(暂且称为)生命–意识–理性系统,即亚里士多德提出的三种"灵魂"——分别有各自的进化转变标记物。反过来,这些标记物各自对应的能力清单则是判断某个实体处于何种存在模式的充分条件。

进化转变标记物对应一份最简化的能力清单,是判断实体处于何种存在模式(例如生命、有意识的生命、有意识且有理性的生命)的充分条件

3.5 生命的进化

在讨论从无意识进化为有意识之前,笔者将先介绍从无生命进化为有生命的过程,主要参考蒂博尔·甘蒂的学说。虽然对于生命的定义尚无共识,但作为生命充分条件的能力清单已获得广泛认可。甘蒂列出了生命所具备的一系列特征:保持自我躯体与外部环境的边界、新陈代谢、动态可持续性、存储信息、调控内部环境、生长繁殖、不可逆的分解(即死亡)。如果在遥远的星球上发现一个具备上述所有能力的实体,那么大部分科学家将认同它是有生命的。在产生这些能力的具体机制与过程中,所涉及的功能与结构耦合构成了"最简"生命体。

对于一个具备了上述**所有**能力的系统,是否存在某种单一标记物,可进行有效识别?继甘蒂之后,进化生物学家约翰·梅纳德·史密斯与厄尔什·绍特马里提出了"无限遗传"的概念,即一个系统有产生与其自身差异巨大的后代谱系的能力。因为这个过程是开放式的、不受限制的,所以其可能产生的突变数目非常庞大。考虑到宇宙的年龄,这些可能性远大于真实存在的后代谱系,绝不可能已被穷尽。而这样一个无限遗传的系统是可持续的,将在进化长河中永存。以基于DNA的遗传系统为例,它就是一个无限遗传系统的典型。

正如古生物学家可以依据化石碎片来重塑动物全貌,理论生物学家与化学家则依据无限遗传能力所对应的结构基础来重构最简生命系统。如果在遥远的星球上发现许多长长的聚合物(聚合物是由各种不同单元组成的分子,例如DNA),那么我们将推断,这个星球上必然存在一个可以合成这些复杂分子并保持其持续存在的系统,毕竟它们不可能凭空出现。由于聚合物具有复杂的规律性,它们必定由其他专门的分子在某种自我复制系统内合成,这一自我复制系统不仅各自位于特定的空间位置上,还依赖精妙的维持机制以自我保存。聚合物的结构表明,它们的特性使其在复制过程中可产生变异,因此我们可以推断,它们的功能之一是存储信息,并且它们支持着整个系统在进化过程中长存。聚合物的无限遗传能力似乎向我们提示了进化上可持续的最简生命形式。

生命的进化转变标记物是无限遗传,该标记物对应了判断某实体具有可持续生命所需的所有特征,即充分条件

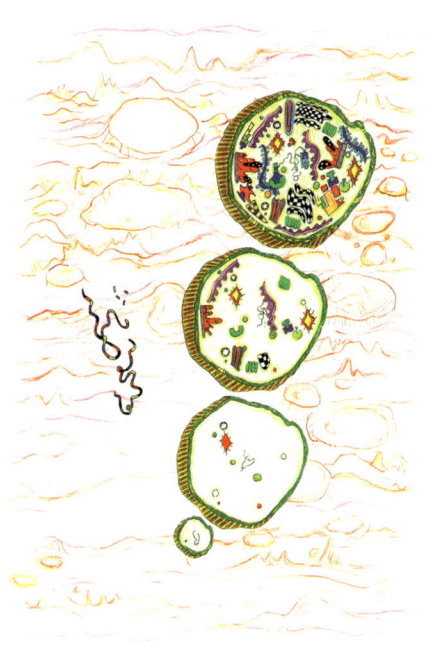

DNA 样的聚合物在重构活细胞

3.6 意识的演化：列出清单

在众多与意识相关的观念中存在显而易见的分歧，然而其背后是否隐藏着某种共识？既然要描述意识的最简形式，就需要列出大部分人都接受的最简清单，清单上的能力共同组成了有机体意识的充分条件。借用爱因斯坦（Einstein）的一句话，我们希望这份能力清单"尽可能简单，但又不过度简化"。

综合哲学家、心理学家、认知科学家和神经生物学家的观点，笔者列出了如下清单，具备清单中所有特征即具备了意识的最简（或说最小）形式。

统一性与多样性：有意识的生物能够将世界（包括外部世界和自身躯体）视为整体。这幅世界的图景不断更迭，但其中的每一帧都是完整而统一的。例如，当一个有意识的人看见客厅里坐着一只狮子，他将感知到多种成分，包括出乎意料、体形巨大、黄色、蹲伏、咆哮、吓人——全在一瞬间。如果动物也具备这种建立事物间关联的能力，就也能区分花纹的细微差异，正如2.10小节中敏锐的雌性河豚那样。这种分辨力为警觉状态下的有意识动物所独有。

全局访问与信息共享：要构建一个意识状态，则必须整合来自各个认知系统（感觉系统、运动系统、记忆系统、评价系统和注意系统）的信息，使之可以对比、区分、概括、预测和评价，以支持最终的决策行为。例如，对黄色狮子的反应就需要整合多种感官信息，调取过去形成的记忆，以及更新当下的预期。如果大脑的全局访问特性有所损伤，则意识也会受损。

选择性剔除与注意力：每种意识状态互不包含。例如，在两只眼睛前面分别呈现不同的两幅图像，则受试者无法看到叠加的图像，而只能交替着看到其中一张。意识状态需要警觉的注意力，并在一段时间内维持感知。如果存在太多的感官干扰，或看图片的时间太短，受试者则无法意识到自己看见了图片。

意向性（"关涉性"），表征：意识状态是关于自身躯体与外部世界的状态。你把在客厅里看见的东西**认作**一只狮子。外部世界、自身躯体和意向性行为全都映射在大脑之中，或说被大脑活动所表征。从外部世界和自身躯体输入的刺激与我们心中的模糊期待所匹配。干扰映射与匹配的过程也将干扰意识。

视角 3 意识是如何进化的? / 081

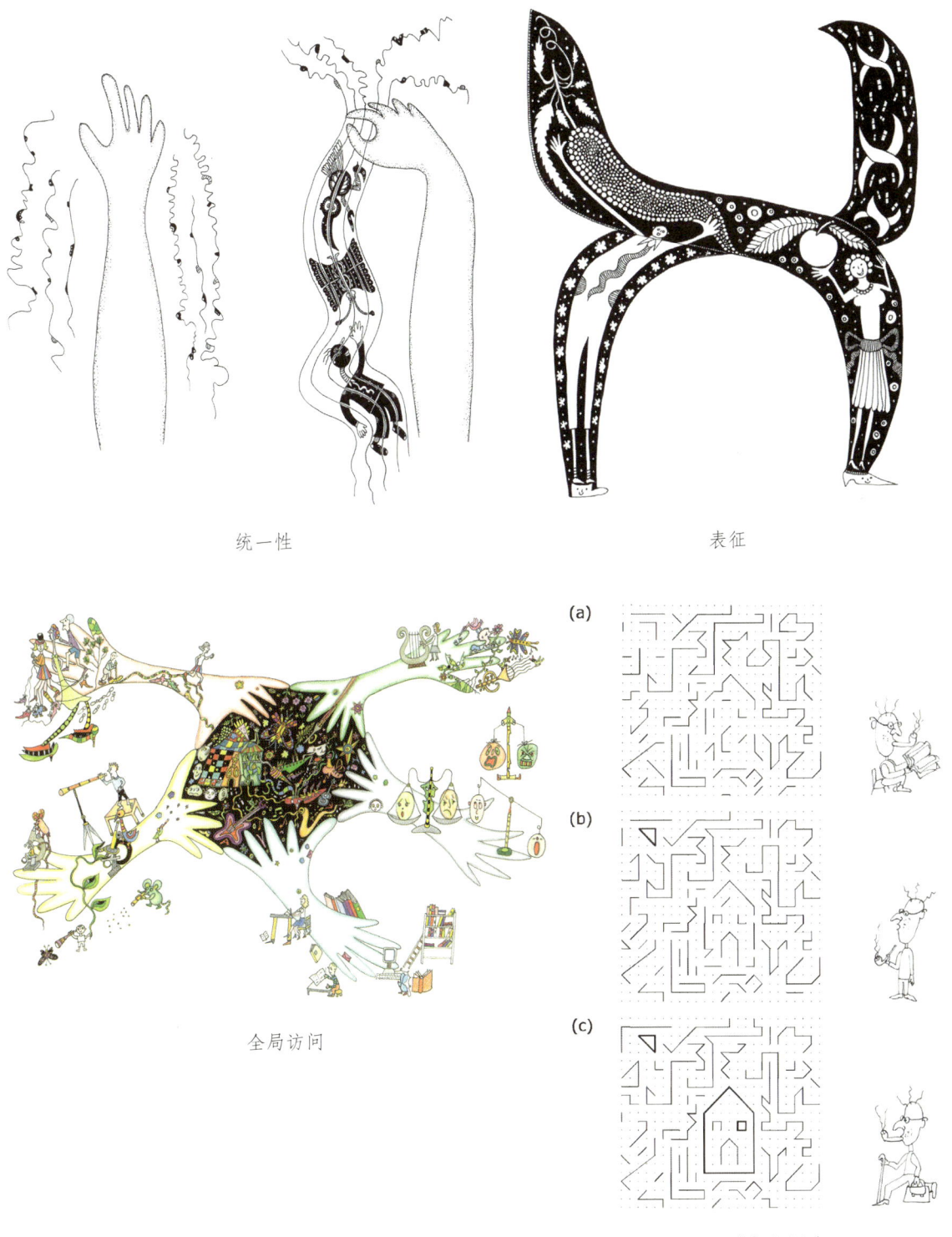

统一性　　　　　　　　表征

全局访问　　　　　　　　选择与剔除

最小意识状态的特征清单

时序整合：主观感受不是瞬时的，而是要持续一定的时长。有意识的动物必然拥有"工作记忆"能力，即它必须抓住信息，并在一段时间内保持感知与感受，以对输入的感知对象进行更新和操作。正如威廉·詹姆斯所说："实际认知中的当下并不如刀锋般锐利，而是像马鞍那样，有一定的宽度。我们就像稳坐于马鞍之上，在时间长河中，观察着身前的未来与身后的过去。"

情感价值系统与目标：在由饥渴等欲望与喜怒等情绪共同构成的感觉空间里，感知与行为都会被评估，并赋予其奖赏性或惩罚性。损害这些评估过程将影响决策行为。

具身性与能动性：意识是通过物质性躯体展现的动态存在模式。正如20世纪哲学家莫里斯·梅洛-蓬蒂（Maurice Merleau-Ponty）所言："躯体是我们体验世界的通用介质。"所有生物都天然地表现出探索性活动，而有意识的生物在探索过程中表现出新的维度，即它们具有**动机**，包括探索新奇事物或好奇心。

自我觉察：有意识的生物拥有稳定的观察视角，用以体验世界、认识事物，并感到自己**拥有**这种体验。有意识的生物能够轻易区分自身行为产生的刺激与他人行为产生的刺激，哪怕这两种刺激是相同的，例如自己挠痒痒和被别人挠痒痒是截然不同的感觉。

倘若另一个星球的某个生物具备上述所有特征，我们就认为它是有意识的。那么在与它交往时，就要考虑到它的感受，以免让它伤心。

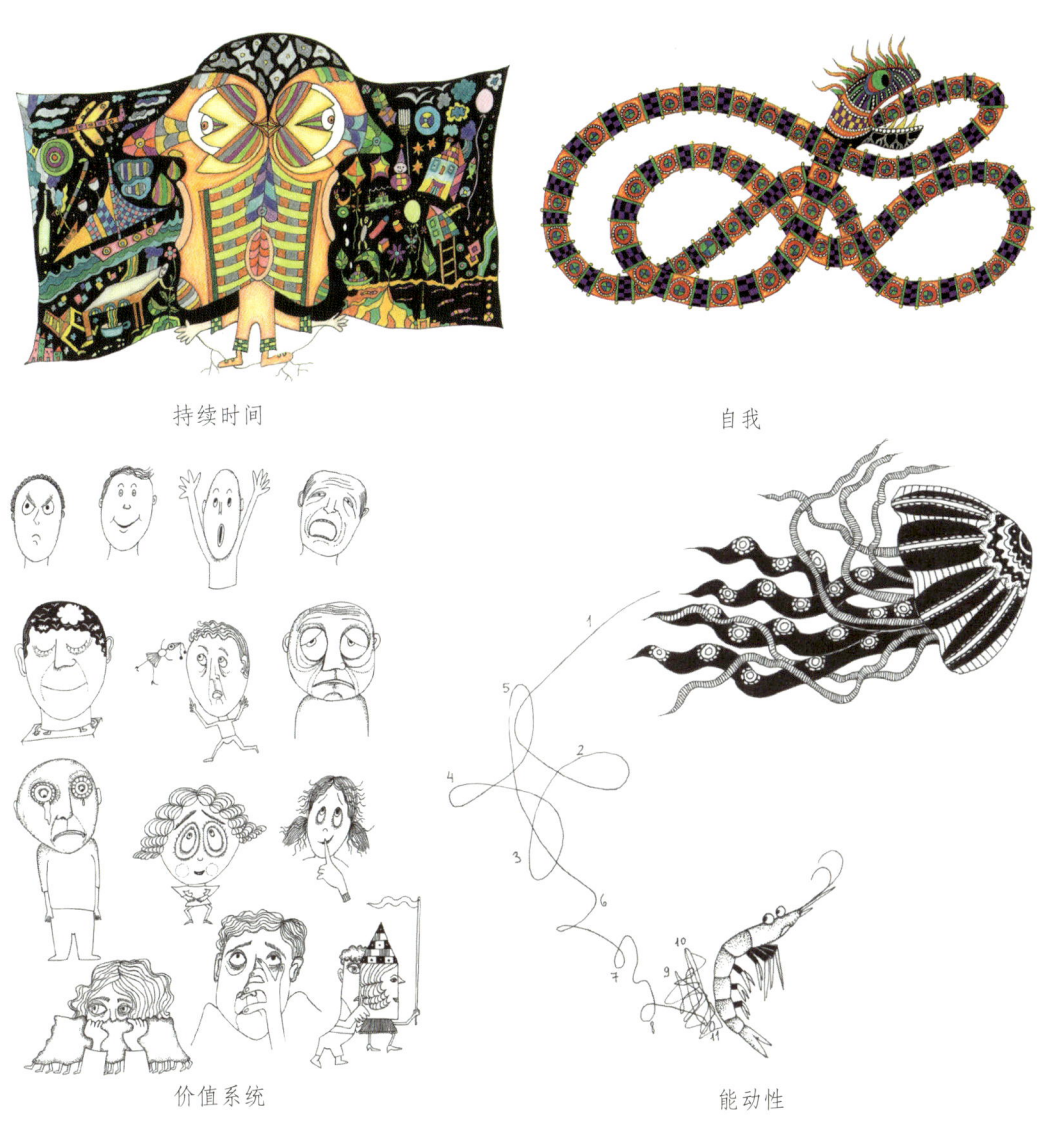

最小意识状态的特征清单（续）

3.7　学习与意识：不太可能相关？

是否存在某种单一而具体的属性，即一种意识的进化转变标记物，当其存在时，就代表着意识的所有特征已经具备？笔者提出这样一种标记物，即**无限关联学习**，它是开放式关联学习的一种形式。

在描述这种标记物并为之正名之前，笔者想先介绍学习的相关概念，并回顾20世纪学习研究和意识研究之间的复杂关系。

学习是一种依赖经验的行为变化，它包含以下过程：(1)感官刺激引发系统内部状态的改变，(2)内部变化的记忆痕迹通过正性或负性强化学习之类的过程进行存储，(3)重复暴露于相同或类似刺激，会表现为行为反应阈值的明显变化。想要描述上述过程，进而厘清其中的关联，并探索背后的机制，是一项复杂而艰巨的挑战。正如对进化过程的研究涉及繁殖、变异产生及自然选择的过程，对学习的研究则需要考虑到生物体所经历的各类刺激、记忆的存储与提取机制、事件相关的奖赏与惩罚过程，以及生物体的响应方式。

19世纪生物学家曾一度认为，能够通过建立新的适应性行为或改进已习得的行为来学习是意识的标准之一。但随着行为主义的出现，这种思考方式发生了巨大的变化。行为主义是一种实验心理学流派，从20世纪初期到70年代盛行于西方。行为主义者将心理学重新定义为关于习得行为的学科，轻蔑地反对使用任何诸如意识或心灵的术语。1953年，一本具有影响力的心理学教材将"心灵"与"想法"解释为"是以提供虚假解释为唯一目的而发明的……既然精神的或灵性的事件被认为是缺少自然科学基础的，我们便又多了一个理由来拒绝这些概念。"（B. F. Skinner, *Science and Human Behavior*）。

行为主义者关注两种关联学习类型。第一类是经典条件反射［又称巴甫洛夫条件反射，以心理学家伊万·巴甫洛夫（Ivan Pavlov）的姓名命名］，即动物感知一个与其无关的东西（行为主义术语称为"中性刺激"），然后学会用它来预测一个必然伴随奖赏或惩罚的刺激（例如食物或疼痛），并对它产生反射性响应的过程。例如，食物的香味伴随奖励物（即食物）出现，会引起饥饿的小狗产生唾液分泌反射。而通常情况下蜂鸣器的声音（或铃声）并不引起唾液分泌，也

巴甫洛夫在训练耐心十足的小狗

就是声音对于唾液分泌而言是"中性的",但如果它反复出现在食物香味之前,最终它将在没有食物香味的情况下引起唾液分泌。巴甫洛夫以唾液滴数为参数,测量小狗在不同学习阶段的内部状态。

第二类关联学习是斯金纳条件反射[以心理学家 B. F. 斯金纳(B. F. Skinner)的姓名命名],即动物学会采取哪些行为来获得奖赏或躲避惩罚(行为主义术语称为正强化或负强化)。例如,一只饥饿的猫咪可以学会按压笼内的压杆以获取食物。一般来说,其后跟随正性(或负性)结果的行为更有可能(或更不可能)在类似的情况下再次出现。

斯金纳的实验,正如巴甫洛夫的实验一样,都是在极度简化的人工条件下进行的,与动物在自然界中所面对的真实世界大相径庭。然而,斯金纳认为,包括人类"语言行为"在内的复杂行为(他用"语言行为"指代理解语言和产出语言的行为),都是一系列强化学习的结果。

行为主义中有着显而易见的局限和妄自尊大的倾向,最终导致了它的衰落。然而,对关联学习的持续研究也带来了新的启发。例如,学习过程取决于中性刺激(或行为)对强化结果的预测有多么出乎意料和不符合预期。那种完全可被预料的刺激不需要学习,而另一些不符合预期的刺激才是有价值的。动物的学习过程包含更新不匹配预期并使之最小化,机器学习算法正是发源于此。

如今,关联学习的研究主要用于探索其背后的认知机制与神经生物学机制,并多在生态相关的环境中进行,例如在动物相互学习的社交环境下。摆脱了行为主义准则的束缚,关联学习研究成为一个丰富而高产的研究领域。笔者回归到19世纪所关注的核心概念,以开放式关联学习作为意识的进化转变标记物,而意识恰是彼时行为主义力主剔除出局的词语,古今相照颇为奇妙。

视角 3　意识是如何进化的？　/ 087

我必然按照指令行事

饥饿与电击是绝妙的强化物

按下压杆

遵循规则

同时绝不

展示内心灵魂

——简·莫奈

3.8 无限关联学习是意识的进化转变标记物

个体生命中表现出的无限关联学习能力,是类比于进化长河中无限遗传的概念。拥有无限关联学习能力的有机体能在自己有限的生命中,以不受限制的方式学习外界及自身的经验。

(1)该有机体可对刺激和行为的**新颖复杂特征**进行区分。例如,它能学会如何在新地形中导航,来区分不同种类的动物,或是区分通往食物与住所的各种路径。这一过程中所学的特征是完全新颖的,既不是引起反射的特征,也不是过去学过的特征。

(2)该有机体表现出**次级学习能力**,即新学会的复杂图形或行为特征可与新的复合特征产生关联,让有机体建立起关联连接链。

(3)即使"中性"复杂刺激与强化(即奖赏或惩罚)之间存在时间间隔,该有机体也能进行学习。这种"痕迹训练"要求有机体在暂未感知到强化刺激时对预测性的中性刺激记忆进行存储。

(4)**所学特征的价值可被轻易改变**:某个特定刺激或行为具备的奖赏或惩罚价值并非固定不变的,而是随着条件变化而改变。当改变环境条件后,曾经预测惩罚(如危险)的东西也可以用于预测奖赏(如安全)。

如果动物表现出上述无限关联学习能力(即在实际条件下不受限制的学习能力),它就具备了意识所需的所有能力(列在3.6清单中)。统一性与多样性是构建复合刺激所必需的(例如,我们能感知到苹果既是红色的又是圆形的);全局访问能力是整合多个系统的信息所必需的(例如,通过视觉、嗅觉、记忆和评价系统的信息整合,我们能感知到红色的苹果散发特有的清香,随之而来唤醒过去的经历,带来得到奖赏的预期);选择性注意力是从环境背景中挑选出特定刺激所必需的(例如,忽视绿色的苹果或难闻的苹果,只挑选红色且散发清香的苹果);意向性能力也是需要的,因为系统需要映射或表征刺激和刺激间的关联(例如,动物建立起所处环境的认知地图);时序整合能力需要用来对存在时间间隔的中性刺激与奖赏刺激进行学习;需要灵活的评价体系,以进行环境依赖的学习(例如,把刺激的对应价值从惩罚性更新为奖赏性);需要具身能动性来探索外部世界并学习行为间的关联;需要有"自我",即一个稳定的视角,以便从同一角度对比刺激和行为,并且还需要能够区分自我和外界,以保证有机体不会混淆由自身行为产生的刺激与外部世界产生的刺激。具备无限关联学习能力的动物能够展示出复杂的行为，并实现多种不同目标。此外，还有证据表明，动物只有在有意识状态下才可能表现出无限关联学习能力。因此，对于意识而言，无限关联学习是合适的进化转变标记物。

无限关联学习是有意识生命体的转变标记物，所有构成有意识生命所必需的能力都已就位

无限关联学习举例：学习在复杂的新地形中导航以寻找食物

3.9 感受与概念

很多人直觉地认为，有感受能力的生物都拥有意识。另一方面，包括机器学习（计算机进行的学习）在内的学习（毫无疑问与意识无关）被认为与认知和思考紧密相关。例如，一般认为思考几何问题的过程是不带感情色彩的、"冷"的、如机器一样。相对而言，害怕狮子的感受则是"热"的、即时的、不假思索的。

笔者认为，这是一种错误的二分法。动物的每一个想法都具备情感（感受）的维度，每一种感受也都有"思考"的维度，因为二者是无限关联学习理论中不可或缺的结构。如果没有把所感知的事物和构想的对象融入整体的综合价值中，就不可能发生无限关联学习。正如威廉·詹姆斯所言，感受是对躯体变化的感知。恐惧一词就是**指**它的神经生理学过程。推断或计划之类的概念也是以神经生理学过程为基础，并且依赖于将传入的躯体感知变化与曾出现过的神经表征进行匹配。

如今，仅极少数人仍认为动物没有感觉。笔者在"视角2"提及的《剑桥宣言》不仅对动物的知觉能力给予了普遍认可，还更加具体地说明它们与人类一样感受多种情绪。神经科学家、心理–生物学家亚克·潘克塞普（Jaak Panksepp）是《剑桥宣言》的共同作者之一，他提出各种情绪感受是"情感程序"（affect programs）不同侧面的体现，而以大脑的皮层下活动为基础的"情感程序"是固有的、基本的和本能的。他定义了产生情绪反应与相关感受的7个核心系统：**探寻**（探索与欲求）、**恐惧**、**愤怒**、**惊恐/悲伤**、**欲望**、**关怀**和**玩耍**，神经生物学家已在哺乳动物中开展了广泛研究。所有哺乳类与鸟类都表现出兴奋的好奇与热切的渴望，这正是**探寻**的体现。潘克塞普认为探寻是最基础的感受，对自然条件下的生存至关重要。动物就像小孩子一样，喜欢探索新事物。坦普尔·葛兰汀（Temple Grandin）所著《我们为什么不说话》（*Animals in Translation*）一书是关于动物情绪与概念的信息与洞见的宝库。她在美国伊利诺伊大学研究猪的行为，细致描述猪的好奇心和探索新奇事物的行为。葛兰汀先拿出猪特别喜欢的东西，例如稻草给它们拱、电话簿给它们撕，而每当她拿来一样新玩具，猪就会放下身边的一切，热情地奔向新玩具，即使它不像旧爱稻草或电话簿那么好玩。动物的种种情绪都与记忆纠缠在一起，它们对事物的概念是充满感情色彩的。

猫咪如何感受并思考着？　　　　　她的耳朵里听到什么？
用她的耳朵？或者下巴？　　　　　声音？照片？童话故事？
她的小肚子咯咯直叫　　　　　　　她会不会也聆听色彩？
爪子上舞蹈着欢乐　　　　　　　　美味？呵痒？或者气味？

她用绿眼睛看见了什么？　　　　　她是不是感受并思考着
用她的鼻子闻到了什么？　　　　　某只年轻帅气的橘猫？
她感受并思考着眼前的景象吗？　　或许猫咪的感知感受
还是哈欠连天回味着往事？　　　　只是加了尾巴的思想？

——原诗为希伯来语，由伊娃为孙女所著，纪念一只美丽的猫咪，后由简·莫奈翻译为英文

3.10 意识的功能与目标

> 每个实际存在的意识都自认为必是在为某种目标而奋斗，但其中许多目标，若没有意识的存在，本来并不是目标。
>
> ——威廉·詹姆斯

因为意识——包括感受、感知与构想的过程——经历了进化，它必然有一个或多个适应性功能。找出这些功能对理解意识的本质有所帮助。它的功能是什么？为何找到这些功能如此困难？

笔者认为，难处在于意识是存在的一种模式，正如生命一样。"生命的功能是什么"这种问题是没有意义的，因为生命没有功能。功能是系统的一部分，系统的某些成分与过程促成了系统的目标导向性行为，功能正是这些成分与过程的属性。因此，如果某个酶负责细菌DNA的复制，那么我们可以讨论这种酶的功能，因为它们有助于细菌实现生存与繁衍的目标。但是，讨论单细胞有机体（例如细菌）的功能，则属于范畴谬误。

当问及生物体的意识模式有什么功能时，一种泛泛的回答是它有利于有意识的有机体的生存与繁衍。但它具体贡献了*什么*？如果将意识模式定义为建立目标与价值的新领域——满足生物体感受到的需求，以指导探索行为与学习行为——则应进一步讨论这些促进并构成意识模式的成分具有什么功能。笔者前述的生物体意识诊断要素无限关联学习就是一个很好的切入点。

无限关联学习的功能显而易见。由于各种感官刺激（例如听觉、视觉、触觉、嗅觉）之间及其内部的关联十分丰富，个体在发育过程中可将它们相互组合，进行学习与回忆，并相应产生十分丰富的行为模式，因此无限关联学习是富有创造性的。一方面，生物体可在现有知识的基础上进一步学习；另一方面，生物体也可在中性刺激与强化刺激存在时间间隔的情况下进行关联学习。这两种能力进一步拓展了学习的维度与空间。这种学习能力具有极强的适应性，它要求达到的所有能力自然就是意识的功能。按照笔者的逻辑，意识的功能就是建立目标与价值的新领域——为了满足自身所感受到的需求，生物体在意向的驱动下形成新的目标。

动物学习制作新工具以实现预期和目标,例如大象制造了苍蝇拍,乌鸦制造了鱼叉

3.11 哪些有机体表现出无限关联学习？谁拥有意识？

无限关联学习是一种可被测试的学习能力，即利用符合无限关联学习定义的学习任务，通过行为实验对有机体的无限关联学习能力进行判断。根据笔者提出的无限关联学习理论，通过测试的有机体就是拥有意识的。

150多年的行为学研究绘制出一幅信息丰富但尚不完整的无限关联学习分布图。某些种群的有机体从未接受过学习能力测试，而另一些只有习惯化与敏感化测试的结果。我们对大多数物种的行为特征一无所知。尽管如此，基于已知信息，我们可以总结出三种具备无限关联学习能力的动物种群：大多数脊椎动物、部分节肢动物以及头足类软体动物。

这三种种群的动物的大脑有不同的解剖结构，但都按功能分层，分为感官、运动、记忆与价值环路等。依据笔者的理论，这些大脑必然也具备相关机制，可整合多模态特征，形成复合的感官意象，并通过大脑内部多个层级的循环（正反双向）交互，使该意象的各个侧面达到统一、相互协调。此外，我们还期待在这些大脑内部层级中找到对自身躯体及外部世界的表征，包括动物的意向性行为在内，这些表征都必须在动物行为与感知过程中持续更新。为了有效评估对躯体及世界的表征，需要确定一个稳定的参考点，还需具备剔除无关信号和稳定有关信号的机制。除此之外，专用的记忆系统和灵活的评价系统也十分重要。脊椎动物作为最广泛地被研究的动物，大多数都具备上述特征。许多节肢动物似乎也有相应的大脑功能结构。头足类动物也是，尽管我们对它们所知更少。那么，上述这些动物的主观体验之间存在多少差别？每个动物种属是否都有自己独特的意识体验模式，各有各的滋味？

如果无限关联学习的存在提示了意识的存在，那么不表现出无限关联学习的动物就没有意识吗？答案是没有，因为无限关联学习的神经架构是产生意识的基础。只有在合适的条件下才能发展出无限关联学习能力：例如，必须具备存储记忆的能力，这是一个耗时的过程，其目的是利用过去的感知对象和相应行为来辅助决策。新生儿是有意识的，因为他使用了进化出的无限关联学习的神经架构——基于这种架构，才能将外部刺激统一成形成意象，并整合成可被评估的信号，这样才有了确保生理状态稳定性的机制以及存储复杂表征的记忆系统。然而，新生儿只有在发育晚期——当他已经**学会**如何感知与如何行动后,以及他真正存储了所整合的关于外部世界和可以发展出无限关联学习能力的行为的记忆后,才能表现出无限关联学习。尽管在进化过程中意识是随无限关联学习的产生而出现的,但在个体发育过程中意识却先于无限关联学习出现。此处,个体发育**没有**重述系统发育(进化史)的故事。

如果认同无限关联学习是意识的进化转变标记物,那么利用无限关联学习的分布,我们将追溯意识的进化起源、探究其进化次数,并找出具体的进化内容和影响。

蜜蜂通过观察更有经验的蜜蜂来学会解决问题

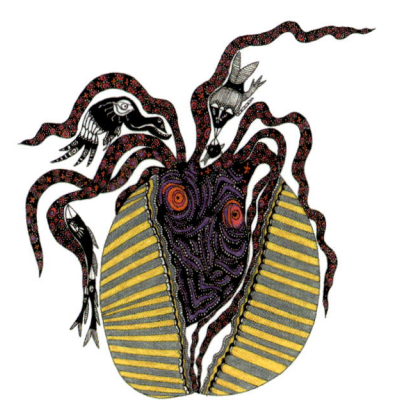

章鱼学会用椰壳来做安全屋

非洲鹦鹉亚历克斯学会了英文字母表。它会拼写哦!

3.12 动物进化的大爆发

寒武纪大爆发是动物演化的大爆发，发生在地质学时期5.42亿年前至4.85亿年前，几乎所有现存动物门类都是在那时起源的，并向不同方向开始进化。这一时期动物进化的速度与多样性是进化生物学领域最大的未解之谜之一。生物多样性如此惊人的增长是如何发生的，又为何发生呢？为何形态学上的进化如此迅速？这些问题困扰着达尔文，他认为寒武纪岩石中突然出现的动物化石是对他渐进式演化观点的挑战。这些问题也一直令进化生物学家深深着迷又重重受挫。笔者对其他进化生物学家的观点进行补充，提出在寒武纪时期首次发生向意识的转变，这也是驱动寒武纪大爆发的因素之一。这么说有何凭据？

寒武纪时期见证了惊人生命力的出现，动物们高度活跃、彼此互动、相互竞争，如今已为我们所熟知。化石记录表明，具有无限关联学习和意识相关大脑结构的节肢动物与脊椎动物首次出现于寒武纪。基于如今无限关联学习在各个种群中的分布及其进化关系，可推断出无限关联学习曾发生三次平行进化，分别是脊椎动物与节肢动物在寒武纪的进化，以及2.5亿年后内壳化头足类动物（章鱼、鱿鱼、乌贼）的进化。

如果没有得天独厚的地理化学、气候、生物因素的共同作用，寒武纪时期脊椎动物与节肢动物的进化不可能发生。后者具备有两个口（口唇和肛门）的消化系统、肌肉、内骨骼或外骨骼，还有协调内部器官运动与外部运动的中枢神经系统。关键是，在寒武纪时期出现了包括无限关联学习在内的关联学习能力。笔者认为，它正是**驱动**寒武纪大爆发的因素之一。

关联学习能力，尤其是无限关联学习能力，让有机体在个体生命中不断发展出新行为。它们可以学会探索新的环境资源，学会聚居并形成新的生态位。寒武纪时期，那些具备关联学习能力的动物变得更加强大，它们是更高效的捕食者、更挑剔的择偶方、更狡猾的猎物。它们向与之互动的其他物种施加了巨大的选择压力，因此那些物种不得不进行适应性改变，以应对可怕的无限关联学习型动物，否则只能走向灭亡。笔者认为，无限关联学习导致了协同进化中的装备竞赛，使互动的物种之间彼此适应。笔者相信，这恰恰促进了具有适应性的寒武纪生物迅速爆发出多样性。尽管这场大爆发很快平息下来，但自此之后，动物进化便一直由那些具备学习能力的有意识动物的感知、动机、厌恶与欲望所引导和驱使。如果不是这些动物有能力区分伴侣、合作者、竞争者、猎物及捕食者，今时今日我们根本不会生存在感官、运动与社交多重交互的丰富属性中。如果不曾有意识，我们的世界将贫乏苍白得多。

充满战斗、侵略与防御的寒武纪世界

3.13 喜悦的源头

> 长日啊——
>
> 我喜悦的泪
>
> 滑落
>
> ——小林一茶

日常生活中主观体验的底色是愉悦吗？这种愉悦是最先产生的主观体验吗？笔者认同神经心理学家亚克·潘克塞普的观点——探索行为与好奇心是动物活动的基石，也是其情感生活的底色——并在此基础上补充自己的看法。笔者认为，具有开放式学习能力的动物在感知与运动水平上表现出自发的探索活动，这种活动在进化的选择中被赋予了内在愉悦的特性，因为它带来了对知识的获取，因此从适应环境的角度来说也是极其有益的。不出所料，正是亚里士多德这位伟大的自然哲学家（希腊语中，哲学的含义就是对知识的热爱）首次提出了这个观点：

> 求知是人类的本性。我们乐于使用我们的感觉就是一个说明；即使并无实用，人们总爱好感觉，而在诸感觉中，尤重视觉。无论我们将有所作为，或竟是无所作为，较之其它感觉，我们都特爱观看。理由是：能使我们识知事物，并显明事物之间的许多差别，此于五官之中，以得于视觉者为多。*

亚里士多德认为，动物通过感官经验获得知识因而享受其中，这种感官愉悦一旦被建立，收益就不再局限于眼前。拉马克认为，对具身存在的感受是最先拥有的有意识感受，而心理学家尼古拉斯·汉弗莱（Nicholas Humphrey）补充道，有知觉能力的动物因感受到自身存在而关心自我、热爱生命，因对自身和外部世界的热爱而为生存竭尽所能。当欲望被满足时，动物会心花怒放，而当它们从感官剥夺与运动剥夺中解脱出来后，则会表现出狂喜的愉悦。蜥蜴会在久旱后的甘霖中跳跃不止，因于矿井多年的矿骡在离开黑暗监牢后也会欣喜若狂："矿骡在矿井无尽

---

* 译文引自亚里士多德著，吴寿彭译，《形而上学》，商务印书馆，1959年，第1页。——译者

的黑暗中被囚困多年是常事……当矿骡回到地面后,往往会先在阳光的照耀下伏地颤抖,继而因极度喜悦而近乎疯狂。天空、草地、树木、微风,世界的流光溢彩直击心灵。喜悦之情满溢心头,唯有雀跃才能表达,唯有狂奔才能消解。"

笔者认为,由于对具身存在的感受——有知觉能力的个体所拥有的最基本感受——能够带来知识,因而这种感觉被进化选择赋予了本质上愉悦的属性,但它也具有无可避免的阴暗面。当生存遭受威胁时,动物必然付出巨大代价,即承受痛苦。痛苦与喜悦交织,难舍难分。

"我从矿工那儿听来一头倔骡的故事。这头骡子在矿井里经年劳作,当它终于得以解脱,回到地面,便疯癫度月。可好景不长,是时候把它带回地下了。谁知,关于一个黑暗存在的记忆竟萦绕在它心头,它深知,那张开的大嘴威胁着要将它吞噬。任凭多少棍棒加身都不能使它屈从。人们不得不召开集会,讨论如何让这倔骡回心转意。最终,这份可贵的固执为它赢得了自由——在地面上沐浴着阳光,笨拙地撒欢儿。"

——斯蒂芬·克莱恩(Stephen Crane),1894 年

3.14 痛苦的源头

《传道书》有言:"因为多有智慧,就多有愁烦。增加知识,就增加忧伤。"* 在有关原罪的神话中,知识与痛苦彼此纠缠,埃斯库罗斯(Aeschylus)的《阿伽门农》(Agamemnon) 是如此,给人类带来文明之火、永远受苦的普罗米修斯(Prometheus)也是如此。我们不禁要问,无限关联学习让动物通过感受了解世界、获取知识,那么相应的代价是什么?

为了拥有主观体验,个体所付出的最沉重的代价就是痛苦。不过,尽管痛苦是难以忍受的,但它具有选择性优势。疼痛、焦虑、恐惧这类感受无疑令人不悦,因为它们是对已实际遭受的或潜在的伤害的可靠且最先的评估,以敦促个体缓解或回避伤害:无法感受疼痛的个体没有自我保护行为,饱受伤害与早夭之苦。然而,个体的痛苦超过了这一进化优势。最大的问题来自过度学习:既然感官意象的每个组分在不同条件下具有不同价值(中性的、有利的、威胁生命的),那么很可能出现假警报。例如,对于鱼类而言,特定的水波振动结合特定的颜色特征即可提示凶猛的捕食者的出现,而当振动或颜色特征单独出现时,也许只是一只无威胁性的动物路过。但是,在这样的振动或颜色特征出现时,相比于致命伤害的风险,迅速逃离显然更加划算,即使在大多数情况下这类振动或颜色特征结果是无威胁性的。过于谨慎地行事总好过粗心大意地丧命。兰道夫·内瑟(Randolph Nesse)将这种谨慎行事的适应逻辑称为"烟雾报警器原理"。

然而,过度反应的代价是焦虑、偏执和神经过敏等问题的出现。慢性焦虑与压力的代价是惨重的,不仅浪费时间与精力,还容易引发令人痛苦的疾病。但最终,成本-效益平衡的考量还是站在知识这一边——受苦的聪明动物总好过不受苦却短命的傻瓜。

那些能够降低无限关联学习的高成本而不损失其效益的动物将具备极大的优势。笔者期待在所有具备关联学习能力的动物身上,尤其是在无限关联学习能力型动物中,都能找到一些缓解这种压力的机制,比如在进化过程中广泛存在的各类应激反应和主动遗忘。痛苦没有被消除,只是逐渐变得可控。

---

* 译文引自《和合本修订版(和合本 2010)》(https://bible.ccctspm.org/RCUV/ECC/1/)。——译者

在《物种起源》的最后一段,达尔文写道:"这样,从自然界的战争里,从饥饿和死亡里,我们便能体会到最可赞美的目的,即高级动物的产生,直接随之而至。"*笔者认为,正是在寒武纪时期,自然界的战争开始涉及痛苦——伴随知识而来的苦恼与痛苦,于是有了相应的主观体验。

生活在恐惧之中:一条难以控制压力的小鱼,被日复一日的恐惧压垮了

---

*译文引自达尔文著,周健人、叶笃庄、方宗熙译,《物种起源》,商务印务馆,1997年,第557页。——译者

3.15 想象的演化

> 左想想、右想想，上想想、下想想，
>
> 哦，只要勇于尝试，你能想出无尽的想法！
>
> ——苏斯博士（Dr. Seuss）

第一批拥有意识的动物通过满足对食物、性、社会关系的需求，以及逃避捕食者、穷困、疾病所带来的痛苦与恐惧，来探索和了解周围的世界与自身行为带来的结果。这些探索受到过去所学经验的指导，而当下收获的经验也引导了未来的学习与探索。

意识与认知在学习的驱动下进一步进化。在部分谱系中，对提高学习能力的选择导致了想象能力的逐步进化。这些动物不仅对世界的方方面面进行学习，还学习事件如何随时间推移逐一发生。它们能回忆起何时何地发生过何事，并对回忆的各个方面进行重新组合，评估想象中的新事件，从而提前计划。这些动物位于丹尼特的"生成与测试之塔"的第三层（如3.3小节所述），能想象出不同的场景并从中选择。

一个著名的例子是西丛鸦（在很多地方）藏起多种食物，比如很快腐烂的美味蠕虫、保质期长但口味稍差的花生。西丛鸦不仅记得在哪里藏了哪种食物，还能在藏匿后先挖出蠕虫享用，过很长一段时间再吃花生。有趣的是，它还知道其他松鸦可能前来偷窃。如果藏食物时被其他松鸦看到，它就会换个地方重新藏。只有做过小偷才能有这种觉悟！

鸟类和哺乳类中有许多通过想象进行计划的例子，而在鱼类、蜂类和乌贼中，这样的案例则比较少。想象力很可能是逐步进化出来的，在各个物种中达到不同的程度。令人好奇的是，大部分有想象力的动物都具备社交属性。它们的社交敏感性与想象力之间存在关联吗？不论答案是什么，也无论动物的想象力多么惊人，它依然局限于个体水平。相互交流想象内容的能力为人类所独有。

大象妈妈提前计划，采取行动保护女儿不被晒伤

视角 4　人类的特异之处在于理性的灵魂

人算什么,你竟顾念他?
世人算什么,你竟眷顾他?
你使他比天使微小一点,
赐他荣耀尊贵为冠冕。
你派他管理你手所造的,
使万物,就是一切的牛羊、
田野的牲畜、空中的鸟、海里的鱼,
凡游在水里的,都服在他的脚下。

——《诗篇》8:5—10*

乾称父,坤称母;
予兹藐焉,乃混然中处。
故天地之塞,吾其体;天地之帅,吾其性。
民,吾同胞;物,吾与也。

——张载(1020—1077),《西铭》

---

* 《诗篇》,《圣经·旧约》的一卷。译文引自《和合本修订版(和合本 2010)》(https://bible.ccctspm.org/RCUV/PSA/8/)。——译者

视角 4　人类的特异之处在于理性的灵魂　/　107

哲学家巴鲁赫·斯宾诺莎（Baruch Spinoza）：万物都是他的同伴（"巴鲁赫"源自希伯来语中"祝福"一词）。

> 他祝福了人世间
> 天上的星辰，
> 书籍以及思考的乐趣，
> 透过深沉而有忍耐力的心灵
> 他召唤出了美。
>
> ——简·莫奈

4.1 人类的本性

没有人怀疑人类具有意识，然而意识的本质却在每个文化中都是神话和学术研究的主题。有些人认为动物和人类的思维存在着连续性，并将人类视为巨大生命网的一部分；而另一些人则认为，只有人类的意识被赋予祝福或者诅咒（由上帝、自然或者进化带来），使他们掌握了对世界其他地方的统治权和控制权。亚里士多德看到人性既具有连续性又具有独特性，认为拥有计算和思考的能力是人类存在理性的表现，也是人类的特征。但他也强调了社会因素，称人类是"政治动物"。大卫·休谟也有类似的想法，他强调同情心：同情心是人性中非常重要的成分。

20世纪和21世纪以进化论为导向的学者所著的书有：《裸猿》（*The Naked Ape*）、《合作的物种》（*The Cooperative Species*）、《会说话的猿》（*The Talking Ape*）、《自私的人类》（*The Selfish Ape*）、《符号化动物》（*The Symbolic Species*）、《上帝般的物种》（*The God Species*）、《人类工具制造者》（*Man the Tool Maker*）和《人类的侵略》（*Human Aggression*）。这些书都强调了人类的能力或属性，作者们认为这些能力和属性是阐释人类思维进化架构的阿基米德点*。然而，无论他们的出发点是什么，所有进化理论都承认人类和类人猿进化的连续性和非连续性：

> 当一位进化生物学家审视自身这个物种——智人的时候，她发现了一个矛盾点。一方面，她意识到人类在解剖、生理和行为上同其他灵长类动物是非常相似的，特别是黑猩猩。在表达基本情感的方式上，在高度发展的社会性上，在即兴发挥的能力上，在某些学习方式上，她都能观察到人类和黑猩猩是多么相似。作为一名进化生物学家，她感悟到这就是同源性，即人类和黑猩猩拥有共同的祖先，因此她很容易理解为什么贾雷德·戴蒙德（Jared Diamond）把我们这个物种称为"第三种黑猩猩"。另一方面，她也看到了人类与其他灵长类动物的巨大差异：人类这种黑猩猩会创作音乐、解数学题、向太空中发射导弹、修

---

* 阿基米德点是指在思考问题时，找到可以解决问题的关键点或基础点。在这个点上，可以对事物进行分析，理解其运作的原理，从而解决问题。——译者

建大教堂、写关于诗歌和法律的书籍、随意改变自身和其他动物的遗传特性,并且具有前所未有的创造力和破坏力,能改写过去并重塑未来。在上述方面,智人与任何其他物种都截然不同。(Jablonka and Lamb, *Evolution in Four Dimensions*)

人类那蜿蜒曲折的进化史无疑是错综复杂的。尽管进化生物学家在判断何为人类最基本的能力方面仍存在分歧,但都一致认为人类被赋予了与众不同的能力。在艺术家、诗人、小说家和哲学家口中,人类的能力是更加富有表现力和感染力的,而人类确是如此。那么,这些能力究竟是什么?人类和其他动物的区别又在哪里?

蓝脑(blue brain)和莎士比亚(Shakespeare):改变思想也会改变大脑

4.2　是什么让人类与众不同？

> 老虎要去猎食，鸟儿去飞翔；男子坐了下来，他想知道，"为什么，为什么，为什么？"
> ——库尔特·冯内古特（Kurt Vonnegut）

从进化的角度看，是什么能力使人类与众不同？会使用计算机的能力当然是人类所独有的，但这并不能提供十分有用的信息，因为人类的本性在计算机被发明之前就已然存在。同样，虽然巨幅增长的认知"可塑性"（生物学家用来描述灵活性的术语）是人类的一个明显特征，但这过于笼统，也不足以回答这个问题。必须在特殊性和普遍性这两个极端之间找到微妙的平衡。以下是进化生物学家强调的在人类中高度发展的8种心智能力，这些能力是部分重叠且相互依赖的。

非凡的合作能力：包括共同育儿（称为"群养育儿"）、合作狩猎、采集和维护火源；合作防御和进攻；照顾病人；互赠礼物和相互帮助；广泛的信息分享。

高度发达的"心理推测能力"[*]：具有早期的共同注意能力，即能够从他人的角度出发，推断出他们所知道和相信的东西，即使它们与自己的信念不同。

群体凝聚力中的文化机制：包括仪式、舞蹈、音乐和艺术等，这些都会唤起集体情感，如团结感、与宇宙的连接感、相互关联性，以及在某些情况下激发的敬畏之心。

社会习俗、社会情感和道德规范：这些都可以在社会生活的各个领域中被观察到。规范的行为需要内化的社会规范，并与社会情感（例如羞愧、内疚、自豪和尴尬，这些都是自我意识的表现）息息相关。

复杂而有序的社会性学习能力及基于模仿的实践能力（如多阶段的工具制作）：需要规划并学习相应事件和行动的顺序，具有高度发达的因果推理能力、精细的运动控制能力、模仿复杂运动动作的能力，以及有意识地指导他人的能力。这些能力需要执行能力和情绪控制能力的加持。

---

[*] 心理推测能力（theory of mind，TOM）是指凭直觉理解自己和他人心思或对心理活动状态（如需要、信念和思想等）进行推测，并据此信息对行为做出因果性解释与预测的能力。——译者

象征性的语言能力：这需要类比思维，它对于科学研究、幽默以及语言类和非语言类的艺术都是必需的。驱动着人类行为的抽象的象征性的价值（例如，善与美）是通过语言来构建的。

自传式记忆：它作为一种能进入过去的"心智时光旅行"能力，允许一个人创建一种个人化的叙事模式，可在其中回忆和解释自己与他人在过去的互动、自己的信仰和评价。

日积月累的文化演变能力：使艺术和科学的创造力得以展现。然而，这也与高度组织性的、常常是非常残酷的攻击行为并存。

所有这些相互交织的能力都与求知的热情相辅相成，与寻求和发现世界中的关系、原因和模式的倾向紧密相连，并且都需要强有力的情绪和执行控制力。虽然每一种能力都是分析进化的切入点，但是它们如何演化尚不得而知，进化生物学怎样才能帮助我们理解人类的心智呢？

人类的某些普遍能力：音乐、舞蹈、制造和使用工具、群养育儿

4.3 为何要用进化的方法来研究人类本性？

人类生存模式的局限性、矛盾性、可能性和无尽多样性无疑受到遗传进化和文化进化的磨砺。但是进化方法又能提供何种见解呢？

第一，进化方法让我们意识到，尽管人类特有的普遍能力在范围和复杂性上是独一无二的，但也有初期的形态，特别是在类人猿和前智人身上存在。因此，人类的思维方式是在此基础上演变而来的。

第二，在对人类和类人猿进行比较后，可能会发现一些之前未被重视的人类特质。

第三，进化的观点迫使我们阐释对"人类"一词的理解："人类"既可以仅指智人（*Homo sapiens sapiens*），也可以指属于我们谱系的其他物种。这些物种与人类共享前文列出的部分能力，尽管可能不是全部能力。我们这个物种属于人属（*Homo*），是随着能人（*Homo habilis*）的出现而出现的。对于生存在200多万年前的能人，我们知之甚少。不久之后出现的直立人（*Homo erectus*）是能人的后代，他们似乎已经过上了与人类相似的典型生活。这些人居住在世界上的许多地区，并分化成不同的物种，其中包括我们的近亲——大约于4万年前灭绝的尼安德特人（Neanderthals），和我们自己这个物种——约30万年前起源于非洲的智人（*Homo sapiens*）。

第四，进化方法可以告诉我们不同的能力之间是如何联系的：人类的各种特有能力是部分重叠且相互依赖的。有些能力可能是共同进化的，而另一些则促进了其他能力的进化。

第五，人类谱系进化状态的动态变化，以及文化进化和遗传进化之间的相互作用，可为我们提供关于人类思维结构如何被塑造的有益见解。

那么，我们这一谱系的进化史能否告诉我们关于人类意识的无尽形式呢？过去的进化历程能告诉我们关于未来的事吗？

类人猿,例如戴安·弗西(Dian Fossey)研究的山地大猩猩,其行为和心理可以突显类人猿与人类之间的连续性和不连续性,为人类进化提供线索

4.4 智人起源之前

对于化石和考古记录的研究表明，远在我们这个物种——智人在30万年前起源之前，世界上就已存在可辨识为人类的物种。100多万年前，我们的祖先——直立人会一起狩猎和采集食物、共同照顾孩子、使用火、做饭、制作复杂的工具。这些实践技能的掌握需要具有耐心，会控制情绪，有因果推断、制订计划和相互教学的能力，并具备复杂的交流形式。他们需要一种与黑猩猩大不相同的情感和智力状态。

人类行为的一大特征一直被多数进化论者所忽视，直到人类学家萨拉·赫尔迪（Sarah Hrdy）提出并探讨了这一特征的诸多影响，这一特征即，人类是类人猿中唯一广泛且系统地实行并依赖群养育儿的物种——由父亲、兄弟姐妹、祖父母、其他家庭成员和朋友合作抚育后代。尽管群养育儿在鸟类和哺乳动物中并不少见，但类人猿（除人类外）并没有系统地实行并依赖这种做法。类人猿母亲通常是极具防护性的，对于任何人接触她的孩子都很警惕。与此相反，全人类社会都能观察到广泛且系统的群养育儿现象。古生物学数据显示，群养育儿现象是从直立人时期开始演变的，他们是人类高度智能、善于合作的祖先。虽然化石无法反映行为模式，但我们依然可以推断当时的群养育儿现象是广泛存在的。因为直立人女性的骨盆很窄，因此会生下脑袋很大的早产婴儿，两者都需要非常细心的照顾。如果此时没有他人的帮助，婴儿很可能无法存活。我们知道，尽管智人母亲所生的孩子比任何幼龄的类人猿都更有依赖性且成熟得更晚，但与类人猿相比，智人母亲的怀孕间隔更短，因此能养育更多的孩子。这有赖于家人和朋友的帮助，尤其是他们对幼儿的辅助喂养。

然而，合作育儿的要求很高，需要母亲对他人足够信任，并且辅助育儿者需要展示出自己的决心和同理心，因为在照顾一个嗷嗷待哺的婴儿方面，他们不像激素作用下的亲生母亲那样做好了准备。辅助育儿者必须了解自己所照顾的婴儿的需求，"读懂他们的想法"，并愿意照顾他们，同时婴儿也需要对照顾者的心理状态保持敏感——一个大喊大叫的、自私的孩子可能会迅速耗尽辅助育儿者的善意。赫尔迪认为，群养育儿所需要的情感控制能力、同理心和心理洞察能力让人类进化出更长的童年和更大的大脑，从而使我们的祖先在情感上比认知上先一步达到了现代化状态。

群养育儿带来的情感和认知上的影响与复杂工具制造能力所带来的影响相互作用,而后者被视为人类能力的典型标志。我们的直立人祖先制作的复杂工具需要精细的运动控制能力、因果推断能力、教学能力和良好的情绪控制能力。心理学家默林·唐纳德(Merlin Donald)认为模仿式交流,例如手势(包括至关重要的指向性手势)、面部表情、言语和早期音乐创作,在智人之前已经存在100多万年了。模仿式交流构建了人与人之间的共同点。在群体层面上,音乐创作可能尤为重要——它通过重复的节奏和旋律传达出同步性,将群体成员联系在一起并且统一情绪状态。

儿童心理学家让·皮亚杰(Jean Piaget)曾说:"只有合作才是产生理性的过程。"我们相信,如果没有支持规范行为的社会情感,理性是不可能存在的。

群养育儿:抚育一个孩子需要一个村庄的力量

4.5 会脸红的直立人

> 人不可以无耻。——《孟子·尽心上》
>
> 羞恶之心,义之端也。——《孟子·公孙丑上》

当阅读有关人类的进化史时,人们会非常清楚地意识到其中存在许多不确定性和争议。然而,我们可以通过对人类祖先的了解,有把握地推断出一件事:前智人种群具有社会学习的文化传统,这一点与类人猿相似,但在前智人中发展得更加广泛。这些传统包括基于信任的合作配合狩猎、觅食以及群养育儿,还包括教学和交流的方式。种群成员们会被评判为良好或者糟糕的合作者,并且笔者认为他们采取一种独特的人类情感表达方式来回应他人的社会评判——脸红。

查尔斯·达尔文最先指出脸红在人类情感生活中的独特性和重要性。显然,脸红与四种社会情感有关:尴尬、内疚、羞耻和自豪。自豪是遵守社会规范的成就的标志,而羞耻、内疚和尴尬是体现社会规范被打破的情绪。它们都通过脸红来表达,脸红既是一种社交信息,也是脸红者内心状态的表达。根据群体规范的自我内在化,这四种社会情感都包含了社会规定的"应当如此"这一概念。

羞耻感在许多文化中都被认为是人类道德的基础。羞耻感指向一类新的认知,即意识到违背了社会共同体中的"应当如此"的规范,这种规范被视为具象化的社会"超我",与种群中其他成员共享。知识、知识分享和羞耻感的纠缠关系在关于原罪的神话中得到了著名的表述,即亚当(Adam)和夏娃(Eve)违抗了上帝的禁令,偷吃了知善恶树上的果子:

> 于是女人见那棵树好作食物,又悦人的眼目,那树令人喜爱,能使人有智慧,她就摘下果子吃了,又给了与她一起的丈夫,他也吃了。他们二人的眼睛就开了,知道自己赤身露体,就编织无花果树的叶子,为自己做成裙子。*(《创世记》3:6)

---

*译文引自《和合本修订版(和合本2010)》(https://bible.ccctspm.org/RCUV/GEN/3/)。——译者

我们的直立人祖先被认为是会脸红的。他们内化了在文化学习中的社会规范，并把它们作为个人和集体身份的一部分。"规范的"情感反映了他们的正直和全世界共同的道德观。

有因欲望而脸红，有因克制而脸红，
还有一种脸红是因已然完成；
有因顾虑而脸红，有因无为而脸红，
另有一种脸红是因即将开始。

——约翰·济慈（John Keats）

4.6　延伸的心智：双手、工具和纪念物

> 灵魂就像一只手，因为手是一种使用工具的工具，同样，理智是运用形式的形式，感觉是感觉对象的形式。*
>
> ——亚里士多德

工具的制造是人类合作的社会生活中不可或缺的一部分。工具的优点是不言而喻的，它们越多样化、越高效，就能带来越多益处。但工具不仅仅是由手工和认知能力创造的有用产品，它还改变了使用者的身形：学会使用长柄取食的猴子，在它们的大脑中形成了手臂延伸的表征。惯常制造和使用工具的世界实际上（神经学层面）也成了我们所谓"自我"的一部分，这不仅拓展和改变了我们的认知范围，甚至改变了我们身体的表征和感觉。（想象一下没有手机的感觉。）此外，工具是认知的有形产物，也是代代相传的、不断修正的外部记忆痕迹。在希伯来语中，手（Yad）这个词有第二个意思——纪念。是手创造和传承了实体记忆和集体记忆。

德国哲学家伊曼纽尔·康德（Immanuel Kant）曾说过，手是大脑的可见部分。那么手是如何进化的？大脑的进化和手的进化有什么关系？工具制造是否推动了手和大脑的进化？在人类进化的早期记载中，行走、工具制造和大脑体积增加被认为是同时出现的。我们曾被告知，当脑容量大的猿类开始用后肢走路时，它的手就得到了解放，而这些自由的手，在大容量的脑的指导下，可以制造工具。而在我们今天所知的版本中，这个故事更加复杂和有趣。

350万年前，我们直立行走的祖先开始制造工具，其大脑容量与黑猩猩相似。根据我们对黑猩猩使用工具的了解，我们推断他们可能也制造出了各种各样的工具，并具有制造工具的社会传统。这些早期人类的手与现代人类的手惊人地相似，尽管不如我们的手灵活、有力且高效，但是比黑猩猩的手更适合制造工具，而后者进化成了适应握拳行走的样子。我们祖先的手促进了工具制造和手势交流的发展，这或许改变了大脑的组织结构，尽管在很长一段时间内，大脑的体积并未增加。使用和制造工具促进了运动能力和情绪控制能力的发展，并发展出更好的社会沟通

---

* 译文引自亚里士多德著，苗力田主编，《亚里士多德全集》（第三卷），中国人民大学出版社，2016年。——译者

能力和更高的手部灵活性。最终，在近150万年后，拥有更大容量的大脑、会使用精巧复杂的石器和骨器的直立人出现了。他们多阶段的工具制造能力需要认真的教学指导，这对师傅和学徒来说都是一项具有挑战性的任务。

人类延展的工具表征和社会化的自我如何塑造大脑？精细运动控制能力的进化是仅限于手部的灵活性，还是也会影响面部和声音的灵活性？控制语言和手部灵活性的大脑回路之间具有重叠部分，这是否提示大脑作为使用这些工具的工具也在协同进化？

铭记你的手——
制造之手
轻抚之手
敲击之手
疗愈之手

交握之手
传递之手
铭记你的手——
刻印到记忆之链中

——简·莫奈

4.7 象征性系统

我们的直立人祖先似乎拥有所有人类特有的共性，唯独这一个除外：象征性的语言。模仿是一种强大的交流系统，以完成教学、协调及配合各项活动，并通过仪式和音乐创作建立情感纽带，但他们模仿的手势和声音符号仅限于此。直立人不会讨论遥远的未来计划，无法分享很久以前的回忆，不能共同探索想象中的可能性，不能讲故事，不能创造象征集体神话的艺术作品。这些都是通过象征性的再现和交流系统进化而来的。哲学家恩斯特·卡西雷尔（Ernst Cassirer）认为，正是因为使用了象征性符号来进行再现和交流，人类才变得与众不同。他在 1944 年写道：

> [人类世界]并不例外，也遵循着影响其他所有生命的生物规律。然而，在人类世界中，我们发现了一种新的特征，这似乎是人类生活的独特标志，使得人类的功能圈不仅在数量上扩大了，还发生了质的变化。在某种程度上，人类发现了一种适应环境的新方法。除了所有动物共有的感受系统和效应系统，人类社会中还存在着第三种联系，可称之为**象征性系统**。这一新技能改变了整个人类的生活。与其他动物相比，人类不仅生活在更广阔的现实世界中；可以说，人类还生活在现实的新**维度**中。

卡西雷尔建议，与其将人类定义为"理性动物"，不如将其定义为"象征性动物"。人类文明是建立在不断积累的、象征化的文化演变的基础上。人类行为的方方面面，即使是最平凡的事情，比如我们吃什么、如何吃，都蕴含了象征性的意义。

但什么是象征？它与我们祖先所使用的传统交流形式有何不同？使用象征需要类比推理——理解象征性符号所代表的事物。象征有三个相互关联的特性：(1) 像许多动物的交流信号一样，它们是学来的规则，指代的是世界上的事物、过程和关系；(2) 它们不仅指代事物、过程和关系，还指代其他象征性符号，因此形成了一个自我指涉的象征性系统（想想字典中关于"**树**"的定义），使每个象征能够在不同的上下文中使用；(3) 有一些规则可以将象征以一种开放式的方式联系起来，使无穷无尽的象征性组合变得有意义。重要的是，象征创造了新的价值和目标领域,如美和真理,它们驱动着人类的行为。

语言是典型的象征性符号系统,是人类本质的核心。哲学家路德维希·维特根斯坦(Ludwig Wittgenstein)曾说:"语言的边界即世界的边界。"这个核心系统的本质是什么?这样的系统是如何进化的呢?

注入了象征意义:6000年前,墨西哥人驯化了辣椒。他们根据大小、口感、气味、视觉多样性和美观性对辣椒进行选育。其结果反映了人类的农业、社会、艺术、宗教象征价值与实践方式

4.8 语言和想象力

> 人生如梦。
>
> ——威廉·莎士比亚（William Shakespeare），《暴风雨》（The Tempest）

语言似乎定义了世界和自我存在的边界，因此语言被视为上帝的礼物也就不足为奇了。《创世记》的神话里，上帝用语言创造了世界万物，这是终极的语言行为；亚当通过给动物命名而使其个性化；上帝混淆了人类的共同语言，以防止他们拥有无限的权利来建造一座通往天堂的高塔*。《约翰福音》最优雅地表达了语言的力量："太初有道，道与神同在，道就是神。"**

进化生物学家一致认为象征性语言是进化的产物，但它的进化方式尚存在争议。为了理解语言的进化过程，我们必须首先了解其代表了怎样的能力，而关于这一点也众说纷纭。笔者采用了语言学家丹尼尔·多尔（Daniel Dor）的定义，他认为"语言是用于引导想象的交流技术"。

多尔认为，语言是基于一套共同约定的通用符号和交流规范，这些符号和规范是通过社会协商和文化演变而构建的。发言者使用有序的词汇链来有意地、系统地引导听众，而听众在此过程中想象发言者的意图。此时，发言者丰富的个人心理表征被简化为"骨架"，通过使用通用词汇来表达共识的概念。听众将这些词语作为支架，"从记忆中调用过去的经验，然后重新构建和组合它们，以创造新颖的想象体验"。这个过程使交流意图具体化并对其进行重构。我们常常也是在说出自己想说的话之后，才确切地明白自己真正想表达的内容。

这个沟通系统是如何进化的呢？我们认为，语言的进化是由文化的进化所推动的。与其他文化实践（如读写能力）类似，过去5000年来，语言在多个社会中同时出现并进化，逐渐变得多样化，其规模和复杂性也逐渐增长，并与其产生的模仿性交流系统区分开来。然而，与读写能力和人类其他新技术（如手机）不同，语言长期且定向的文化演变驱动了支撑它的遗传变异的固

---

* 即巴别塔。根据《圣经》记载，大洪水过后，人们都说同一种语言，他们想造一座城和一座通天高塔。上帝担心他们今后将无事不成，于是混乱其语言，使其语言彼此不通，人们无法继续合作，最终分散到世界各地。该城遂称"巴别"（意为"混乱"），塔称"巴别塔"。——译者

** 译文引自《和合本修订版（和合本 2010）》（https://bible.ccctspm.org/RCUV/JHN/1/）。——译者

化。筛选起支持作用的遗传变异为语言提供了更多的学习机会,从而导致了正反馈,加快了语言的进化速度和传播范围,最终形成了一个不断扩大的共同进化螺旋。语言产生了巨大的意想不到的影响,彻底改变了人类的心智。这些改变究竟是什么?语言带来了哪些益处,又让人类付出了什么代价呢?

La lingua del camaleonte*:变色龙的语言

---

* "La lingua del camaleonte"是意大利语,直译为"变色龙的舌头"。这个短语通常用于形容人或动物具有变换、适应性强的语言能力或表达方式,可表示一个人或动物能够灵活运用不同的语言、口音或风格来与外界进行交流。——译者

4.9 思想和感受

如果把语言看作一种引导想象的技术或方法，就可以理解一些我们熟知但又独特的人类特征。人类经常说谎，并且通常会产生虚假记忆；具有全新的集体意识和理性的情感，如极具道德感的愤怒和敬畏；常把情绪和思想看作二元对立的，并且具有真理和客观现实的观念。他们还对自由意志有强烈的感受，执着于潘多拉（Pandora）那模棱两可的礼物——希望。我们是一种非常奇怪的猿类。

如果不能对情绪进行有效控制，想象的引导就无法发生。当你听到一个人幸运的豹口逃生故事时，你可能会想象这件事发生的场景，并与故事讲述者一样害怕。但如果你没有控制住自己的恐惧，表现得像自己被追赶那样跑开了，结果可能会是灾难性的。为了有益于交流，情绪和它们所诱发的行为必须被一定程度地抑制。笔者认为，人类辨别思想和感受的独特能力源于对情绪的抑制。

我们并不认为思维是人类独有的。和比较心理学家迈克尔·托马塞洛（Michael Tomasello）的观点一样，笔者认为思维是需要想象力辅助的："当一个生物在某些特定场合试图解决问题，不是通过明确的行为来实现其目标，而是通过想象在这种情况下采取不同的行动会发生什么，或想象在实际行动之前不同的外部力量参与进来会发生什么——这个时候思考就发生了。这些想象就是对潜在感知经验的'离线'模拟。"类人猿、海豚、鸦科动物和许多其他动物都能进行想象和思考，但它们几乎无法告知对方自己的想法。思考过程需要控制情绪，但对于思考的交流则需要在更大程度上对情绪进行控制。我们认为，只有人类可以在几乎不表达情绪的情况下对意象进行转换和评估。成功的谎言，既是具有操纵性的，也是亲社会性的（比如礼貌），都取决于说谎者对情绪的控制。这种在操纵和评估表象的同时抑制情绪的能力，是人类能独特地区分思想和感受的基础。

然而，通过语言控制情绪还有另一个作用。语言可以通过隐喻，尤其是关于被广泛熟知的身体状况的隐喻，来模拟个体之间的共情和团结。例如"我的血液凝固了"或"我的心脏怦怦跳"这样的比喻，可以让人想象出所有人都会有的身体体验，从而促进共情。但正如政客和精神病患者所知道的那样,语言也可以轻易地操纵情绪。古老的情绪传播机制结合上语言的力量,就会在人群中产生凶残的道德仇恨,甚至引发种族灭绝和大规模自杀这样的滔天罪行。在这个象征空间里,道德选择和真理属于哪里?

思想和感受

4.10　象征性物种的某些特性

真相与谎言是现实世界与信息的关联特征。尽管在动物之中偶尔也会发现故意欺骗的行为，语言的进化极大地扩充了可被交换的信息量，从而扩大了真实与虚假的涉及范围。蓄意说谎是人类的专长，但要让谎言存在，必须先有关于真实的概念，而存在真实的概念则需要有一个客观性概念，即一个独立于我们感知或感受之外的"外在"状态，使信息可与之进行比较。这个熟悉而又奇异的"客观"概念是如何产生的呢？

迈克尔·托马塞洛将客观化与人类文化群体的发展、群体中协调活动的需求及个人意图联系起来。他认为："现代人类个体通过'客观'表征（任何人的视角）、结合原因的反思性推论（对任何人都具有说服力），以及规范的自我管理［以便与集体的（任何人的）合理期待相协调］来想象世界，以在思想中对其进行操纵。"被集体所接受的道德规范，包括至关重要的沟通规范，使对语言信息的评估成为可能。它们创造了人类理性共识的基础，这一基础在后来的形式逻辑系统中得到了展现。它们还产生出客体化的自我感受（我们所拥有的并因此可以进行探索的东西），以及怀疑、猜忌和确定性等全新的理性感受。

判断一条信息的真假是件棘手的事情，它不仅依赖于理性的分析，还依赖于准确的记忆。通过语言引导想象给人类的记忆带来了新的挑战——他们不仅要记住汤姆在狩猎过程中没有帮助约翰，还要记住是**谁说**汤姆没有帮助约翰，并且他们还要能分清报道所称的想象出来的经历和亲身经历，前者可能是虚假的，后者更有可能是真实的。人类在这方面并不擅长。虚假记忆并不少见，它可以在法庭上颠覆正义，也可以在个人生活中造成混乱。理性重构和良好的自传体记忆可以减少虚假记忆的出现，但无法根除它。此外，由于语言无法真正区分感知和行为，因此将一种体验用语言表达（例如，用语言描述罪犯的面容）会削弱其感知的丰富性，并减少或"掩盖"有关该体验的感知记忆。

和真理一样，自由意志的概念也是象征性的。这一概念的基础是对自由意志的**感受**，这种感受是想象和内化的集体规范（一种超我，它提供了"应当如此"）与个体的能动性和选择感之间相互交织的结果，这两种状态有时也会产生冲突。此感受源于一种人类独有的能力，即可以在任何情境下和无限目标中对自身进行想象。当我们努力遵循或无视这种"应当如此"的指导时，选择才具有最深远的意义。笔者认为，人类的道德感是从我们的祖先会脸红才开始发展的，如果没有这种压倒性的自由意志感，道德将无从存在；而如果没有关于自由意志的**概念**，道德法则也将无从存在。

这些基于象征的人类特性会产生哪些影响？"象征性爆炸"——仅仅是地质时间中一眨眼的工夫——是否像寒武纪时期意识的出现那样改变了生物世界？"象征性动物"又是如何改变了其周围的世界呢？

人类的特殊之处：具有强烈的怀疑精神，以及对知识、确定性和自尊心的渴求

4.11 象征性爆炸

人类文明已经改变了地球的面貌。地球化学家弗拉基米尔·韦尔纳茨基（Vladimir Vernadsky）认为，正如创造生物圈的生物体是影响地质变化的力量那样，具备科学推理能力的人类也是如此。我们这个物种创造了一个新的存在领域，即智慧圈（理性的领域）。

韦尔纳茨基在1931年和1944年之间完成了最后一部作品，并将其贴切地命名为《科学思想是一种星球现象》(Scientific Thought as a Planetary Phenomenon)，书中充满了技术乐观主义精神。他声称，从掌握控制火的能力开始，人类便开始利用自然的力量，驯化了动植物，战胜了疾病，扩大了对各种生态位的控制，并通过利用巧妙的科学技术，改善和扩展了人类的理性、延长了自身寿命、提升了幸福感。科学技术产生的偶发故障总是可以通过更多的科学技术来弥补。

笔者钦佩韦尔纳茨基对人类创造力的赞赏，以及他对理性和科学坚定不移的信念。然而，他的乐观主义却很难让人认同。1962年，蕾切尔·卡森（Rachel Carson）对科学技术产品（杀虫剂）的破坏性影响感到震惊，写下了20世纪最具影响力的环境科学著作《寂静的春天》(Silent Spring)，这本书推动了全球环保运动。在第一章"明日寓言"中，她写道：

> 这是个没有声音的春天。这里的清晨曾经回荡着知更鸟、嘲鸫、鸽子、松鸦、鹪鹩的合唱以及其他鸟鸣的声音。而现在，所有的小鸟都已经无声无息了，田野、树林和沼泽里只剩下无边的寂静，就连小溪也变得毫无生气……这不是在施魔法，也不是敌人的行动使这个受难的世界上的生命重新归于沉寂，而是人类在自作自受、自食其果。

地质学家们提出了"人类世"（Anthropocene）的概念，用于定义当前受人类影响所形成的地质年代（anthropos是希腊语中"人类"的意思）。这种影响展示了科学理性领域的黑暗面：无休止的人口增长，大规模的森林砍伐，对水、空气和土壤系统的毒害，煤、石油和天然气等化石燃料燃烧所导致的气候变化，新的疾病，大规模的物种灭绝和大面积的土地侵蚀。许多科学家认为，我们正处于第六次大灭绝时期——由人类活动导致的生物多样性急剧减少，很可能带来严重的生态和社会灾难。当下，儿童和年轻人领导着环保运动，他们哭喊道："我们的家园着火了！"

生态破坏只是人类历史上一连串疯狂行为的缩影。种族灭绝、战争导致的饥荒和矛盾,由种族主义、阶级和种姓歧视、性别不平等及残忍虐待带来的恐怖都是人类历史中反复出现的主题。如果没有象征维度,这些是不可能存在的。我们如何才能理解人性中的这些方面,它们竟与伟大的艺术、乌托邦式的梦想以及宏伟的科研合作并存?我们是进化出来的异类吗?

人类世

4.12 分裂的灵魂？

> 人类心智的创造性和病态性归根结底是进化铸造的一枚硬币的两面。前者负责大教堂的壮丽辉煌，后者创造了装饰大教堂的鬼怪石像，以提醒我们世界充满了怪物、魔鬼和女妖。
>
> ——阿瑟·库斯勒（Arthur Koestler）

哲学和神学中一个反复出现的主题是，存在两个敌对或互补的原则，这两个原则共同塑造了人类的心智：善与恶、上帝与撒旦、感性与理性、女性与男性、阴与阳。弗洛伊德（Freud）解释了这种二元性，他将其归因于冲突的本能："我得出的结论是，除了保存生命物质并将其组合成更大的单元的本能外，一定还存在另一种相反的本能，它会努力分解这些单元并将其还原成原始的无机状态。也就是说，除了爱神厄洛斯（Eros）之外，还存在一种死亡的本能。"

尽管在许多神学体系中，人类的灵魂被视为善与恶之间的战场，但世俗的另一种观点认为，人类的这种状态是由进化中的错误或不平衡造成的。例如，康拉德·洛伦茨（Konrad Lorenz）认为，人类大脑的快速进化将一种没有攻击抑制机制的无害灵长类动物转变成了一个强大而危险的物种。攻击抑制机制的进化速度没有跟上智人的智力和技术的进化速度，导致人类的约束本能与他们的破坏能力脱节，最终使得无约束的攻击行为占据主导地位。

阿瑟·库斯勒提供了一个更加细致入微的观点。他首先指出，所有分层组织的系统都是由半自主单元组成的，如分子中的原子、组织中的细胞、社会群体中的个体。库斯勒称这样的单元为**子整体**（holon），它们都有自我肯定和自我超越（整合）的倾向。为了解释这些倾向在人类进化中的作用，库斯勒采用了神经科学家保罗·麦克莱恩（Paul MacLean）提出的三元脑观点。根据这一观点，我们的大脑具有三个层次：最底层的爬行动物脑，控制着本能和攻击能力；中层的原始哺乳动物脑，负责基本情感；上层的新皮质脑负责语言和理性。库斯勒认为，在人类进化过程中，上层的新皮质发生了快速变化，导致了失衡状态——源自新皮质的象征性的和内在性的自我超越倾向没有与控制它们的古老"大脑"完成整合。我们以自我超越的宗教和意识形态之名建立集中营,并实施种族灭绝。伪善的情感控制着擅长将其合理化的象征性思维。

弗洛伊德、洛伦茨和库斯勒的观点均是基于过度简化的关于人类思想、进化和大脑组织结构的概念。他们共同的假设,即不同的本能或智力倾向之间存在着不平衡或冲突,也是可疑的。那么,我们应该如何研究人类的心智?探索心智的可能性以及对外星智慧的幻想能否为我们理解心智的过去、现在和未来提供启示?

我无法确切地知道眼前的景象
属于将来还是很久以前就已发生。
我看到了自己的无奈:残断的躯体
和两张永远都无缘相见的面孔。*

——豪尔赫·路易斯·博尔赫斯(Jorge Luis Borges)

---

* 译文引自博尔赫斯诗集《老虎的金黄》,林之木译,上海译文出版社,2016年,第56—57页。这段话来自博尔赫斯的作品《雅努斯胸像的独白》(A Bust of Janus Speaks),被称为谜一般的描述,可以有多种解读。整体而言,它探讨了时间的迷离性、人类对过去和未来的思考,以及理解的复杂性。——译者

视角 5　愿景、未来和幻想

头脑,比天空更辽阔

若将两者并置而立

能相互包容

轻松自如地——也包容了你

头脑,比大海更深邃

忧郁与蔚蓝交相辉映在其相对之际

如海绵一般——吸纳交融

头脑,承载着上帝的重量

若将两者权衡比对

它们的差异

如同音节与天籁之别

——埃米莉·狄更生(Emily Dickinson)

视角 5　愿景、未来和幻想　/　135

比天空更辽阔，比大海更深邃

5.1 突破极限

> 读到龙是一回事，亲眼见到龙又是另一回事。
>
> ——厄休拉·勒古恩（Ursula Le Guin）

前面章节中所讨论的主题大多以明确或隐晦的问句收尾，而本章的问题更加宏大。我们如何探索人类的潜能？我们能否设想意识、人类和超人类的未来进化方向？

伟大的艺术、哲学、科学和体育运动都展现了人类的能力。或许更令人惊讶的是，在脑损伤或受到创伤之后、在神志不清的时期、在药物作用下，以及在神秘的冥想练习中，人类思维的一些极端能力才被揭示出来。不寻常的人或不寻常的条件所揭示的人类思维的边界，能给我们提供关于其未来进化的任何线索吗？

首先需要问的是，谈论人类潜能的极限是否有意义？关于潜能最明确的一点是，它并非固定不变的。它不像一个有固定容积的、不会随着液体倒入而改变其容量的坚固铁桶；它更像是一个容量有弹性的桶，会随着越来越多液体的倒入而体积越来越大。人的潜能是由他所拥有的机会以及由扩充或减少学习与收获的实践来灵活构建的。互联网、新药物、虚拟现实设备、可植入电极和传感器等能与大脑进行交流的新技术改变了我们所能感知、记忆和学习的内容和程度。人类潜能是正被逐步打开的新视野。

新技术、非凡的天赋或技能以及不寻常的意识状态能否揭示人类思维的过去和未来呢？它们是否与我们有朝一日将要制造的有意识机器人的思维构造有关呢？最优秀的科幻作家描述过多种另类的意识形态，包括创造出有意识、有知觉的机器人的可能性。但无论他们所描述的想法多么奇异，我们始终局限在熟悉而奇特的象征化领域。我们究竟有没有可能想象出一种截然不同的生存模式、一种超越象征维度的意识水平？是否存在另一种更高层次的意识水平，它对我们来说是不可理解的，就像人类的象征性意识对老鼠而言是无法企及的那样？

视角 5　愿景、未来和幻想　/　137

来见见龙吧

5.2 天才的头脑

我们可以从那些能力超越"人类可能"的天才身上学到什么？想想金·皮克（Kim Peek），他是1988年电影《雨人》中达斯汀·霍夫曼（Dustin Hoffman）饰演的孤独症患者角色的灵感来源。皮克的神经系统异于常人，他缺乏连接大脑左右半球的神经束。然而，他能准确地回忆起12 000本书的内容，还能通过用左眼阅读左页、用右眼阅读右页的方式来读书。再来看看丹尼尔·塔米特（Daniel Tammet），他被诊断出患有阿斯佩格综合征，但他在一周内就学会了冰岛语，并且能够背诵圆周率（π）到第22 514位数字。纳迪娅（Nadia），一位严重残疾的孤独症女孩，在四岁时就画出了与列奥纳多（Leonardo）的某些素描作品相媲美的画作。而智力受损的盲人男孩莱斯利·莱姆基（Leslie Lemke）是一位音乐神童，只听一遍柴可夫斯基（Tchaikovsky）的协奏曲就能从头到尾演奏。这些人被称为"天才"，因为尽管（或由于）有时存在严重的神经、认知和感官障碍，他们却能在某些领域展现出令人难以置信的天赋——正如D. A.特雷费特（D. A. Treffert）所说："这些非凡的'天才孤岛'赤裸地反衬出人类的整体局限性。"

天才是罕见的，但他们在非典型认知障碍（孤独症谱系）并且通常患有左脑半球损伤相关重度残疾的人群中相对常见。所有天才都有超强的记忆力，但可能仅限于非常狭窄的领域：日历计算者是最常见的天才类型，他们可以在几秒钟内告诉你1977年8月23日是星期几，或前后200年内的任何其他日期。另外一些天才知道10亿以内的所有质数，但却无法进行基本的乘除运算。许多天才还具有联觉能力——激活一种感官或认知通路会影响第二种感官或认知通路，并带来新的体验。对他们来说，数字和文字通常具有颜色、形状或声音，有时还具有味道和纹理。贾森·帕吉特（Jason Padgett）在头部受伤后成了天才，他在熟悉的图像（例如流动的水或他自己正在移动的手）中能看到复杂的几何图形。

和许多并非天才的孤独症患者一样，许多天才具有敏锐的感知能力，他们更容易关注细节而非整体。13岁的东田直树（Naoki Higashida）写道："细节先直接跃入我们的视野，然后才逐渐地，一点一点地，整个画面清晰地浮现出来……当颜色鲜艳或者形状引人注目时，这些细节就会吸引我们的注意力，然后我的心思就会沉浸在其中，无法专注于其他任何事情了。"非凡的美感往往是天才体验的一部分。

关于人类大脑的潜能，天才们能告诉我们什么呢？我们是否都有未被发掘的、可以在特定条件下被释放并表现出来的天赋？象征性的（抽象和理性）和"敏感性的"（感知和情感）体验如何相互作用？关于记忆和感知之间的关系，天才们又能传授给我们什么呢？

天才的头脑

5.3 知觉记忆和遗忘的艺术

所罗门·韦尼阿米诺维奇·舍列舍夫斯基(Solomon Veniaminovich Shereshevsky)(在心理学文献中简称S)的记忆与知觉紧密相关。由于他能够详细描述自己的经历,并被亚历山大·卢里亚(Alexander Luria, 20世纪最伟大的神经心理学家之一)研究了30年,因此他的案例让我们有机会一窥非凡的知觉记忆如何塑造人类的精神生活。

S的记忆力非常惊人,他能够记住长串数字、无意义的单词、长而复杂的数学公式以及用他不知道的语言写的诗歌,并把这些信息在脑中存储多年。在进行了许多心理测试后,卢里亚得出结论,S的记忆容量和存储记忆的持久性都没有上限。最让卢里亚感兴趣的是S的记忆的心理学结构。

S是如何记忆的?卢里亚描述了关于S记忆的四个方面。第一,他拥有惊人的**视觉**记忆。他看到的图像不仅仅是照片。和许多天才一样,S具有联觉能力——对他来说,五类感官都是相互联系的。以下是他对钟声的描述:"我听到钟声响起。一个小小的圆形物体在我眼前向右滚动……我的手指触摸到某种粗糙的东西,像一根绳子…… 然后我尝到了盐和水的味道……还有一些白色的东西。"当S回忆起单词或数字时,脑海中会浮现出多感官的图像。第二,在记忆一长列物品清单时,他会将每个图像放在脑海中熟悉的街道上进行可视化。为了回忆清单,他想象自己在街上行走并"找到"这些物品。在人生的后期,当他以记忆专家的身份谋生,并且经常一天内在同一个剧院进行多次表演时,他发展出了一种图像速记法,减少了对视觉联想的依赖。他还不得不主动**学会遗忘**,这是他觉得非常困难的事情。最终他通过有意识地想象擦除动作来做到这一点。有意识地简化和主动遗忘是关于他记忆的第三和第四个方面。

S的图像回忆导致他的生理状态发生可测量的变化。他想象自己的左手拿着一块冰,会导致这只手的温度下降;他想象自己在触摸一个热炉子,会导致这只手的温度上升;当现实中S的牙齿正在被牙医钻时,他可以想象坐在椅子上的不是他,从而不感到疼痛。他惊人的知觉记忆力使他能够发现别人发现不了的文本错误,并且可以想象出解决棘手问题的方法。但他的记忆力也带来了一些严重的障碍:他对抽象概念和隐喻的理解能力很差,逐步跟进复杂情节的能力也较差。他的大部分记忆都是对细节的持久记忆,这使他很难把握整体情况。遗忘使人能够看到整片森林,而不是过于沉迷于每棵树木的景象,无论这些树木有多么迷人和引人入胜。在S的认知中,感知和概念两方面似乎存在着不平衡。当感知方面占主导地位时,泛化就变成了难题。当你试图理解这个世界时就会明白:少即是多。在解释人工神经网络如何泛化时,计算机科学家纳夫塔利·蒂什比(Naftali Tishbi)得出结论:"学习中最重要的部分其实是遗忘。"

S的能力和意识状态是否与其他天才所报道的情况类似?或者与使用药物或出现精神错乱时的情况相似?我们是否可以训练自己的大脑来体验这些能力和状态?

"思维是忘却差异,是归纳,是抽象化。在富内斯(Funes)的满坑满谷的世界里有的只是伸手可及的细节。"*

——豪尔赫·路易斯·博尔赫斯

---

* 译文引自博尔赫斯著,王永年译,《杜撰集》,上海译文出版社,2015年,第13页。——译者

5.4 意识的动荡：致幻剂

致幻剂可以诱发异乎寻常的意识状态。这些药物天然存在于一些植物和蘑菇中，能使视觉和听觉产生幻觉。最著名的致幻剂是LSD（又称为迷幻酸），它在20世纪60年代被用于娱乐和提高艺术创造力，以及在南美洲数千年来用于宗教活动的三种物质：赛洛西宾（天然存在于"神奇蘑菇"中），墨斯卡灵（存在于名叫佩奥特掌的仙人掌中）和死藤水（一种通常由通灵藤的藤蔓和绿九节灌木制成的饮料）。这些物质能够引发异常生动的幻觉。摄入后，经常会产生联觉感知、强烈的美感、脱离身体感以及"与宇宙合一"的感觉。与大多数致幻剂一样，服用死藤水带来的视觉与听觉之间的联觉感受非常普遍，但正如心理学家本尼·香农（Benny Shannon）所描述的，也会出现其他类型的联觉感知："当我按压太阳穴时，我看到一只鸟，它的喙的形状与我的手的运动一致，这就是触觉到视觉的联觉体验案例。"以下是香农对库泽尔（Kusel，一名居住在亚马孙河上游的商人）所报告的死藤水引发幻觉的部分描述：

> 首先出现的视觉体验就像烟花一样。然后，一种不断生成的力量创造出了大量简单而精细的彩色平面图案。有一些图案是由繁复缠绕的线条组成的，还有一些是由矩形或正方形组成的几何图形……这些幻象不断变化……相机闪光灯一样的明亮光线时不时地照亮了场景，展示出树木规则排列的广阔景观，又像是空旷的平原。在一个画面中出现了一艘挂满旗帜的大船，在另一个画面中出现了一个旋转木马，上面坐着衣着鲜艳的人们。

海因里希·克吕弗（Heinrich Klüver）在20世纪初研究了幻觉早期阶段中几何图形的可视化。克吕弗以自己为实验对象，摄入佩奥特掌，并记录了在致幻剂影响下自己的视野变化。他看到了反复出现的图案——格子型（包括棋盘状、蜂巢状和三角形）、隧道型、螺旋型和蛛网型。他认为，这些图案与古代洞穴壁画中常见的形状相似。它们也与库泽尔在死藤水影响下所描述的图形类似，也很像许多文化中象征自我的曼荼罗图案和天才贾森·帕吉特绘制的几何图案。这些图案能告诉我们关于艺术、精神体验和大脑的哪些信息？

视角5 愿景、未来和幻想 / 143

让人摸不着头脑

5.5 精神痛苦：无意识的图像

尼瑟·达·西尔韦拉（Nise da Silveira）是20世纪的一位精神病学家，她强烈反对残酷且有损人体功能的精神疾病疗法，如脑叶切除术、电击疗法和胰岛素疗法等。相反，她使用以绘画和雕塑为主的艺术心理疗法来治疗多种形式的精神疾病，这些疾病往往伴随着听觉和视觉方面的幻觉。她主要为里约热内卢贫民窟的贫困病人看病，她发现在那些最严重的精神分裂症患者和慢性精神病患者的画作中会反复出现某种主题和符号。尤其是，她注意到出现了圆形的螺旋、蜿蜒的隧道以及看起来像曼荼罗的蛛网状图案。她把这些绘画的照片寄给苏黎世的卡尔·荣格，荣格确认这些图画确实是曼荼罗，并邀请她去瑞士的荣格研究所工作，在那里她与荣格一起工作了两年时间。后来，她在里约热内卢建立了"无意识图像博物馆"，该博物馆展出了超过35万件由精神病患者创作的艺术作品。一些最伟大的巴西艺术家都来自尼瑟·达·西尔韦拉的诊所。

尼瑟的工作受到巴鲁赫·斯宾诺莎的哲学思想的启发。她用斯宾诺莎的术语来解释患者所画的图像，并认为这些图像是对思想和身体特征的同步表达。她认为它们表达了先天的、典型的、无意识的、神话般的形式，这些形式与每个人特有的历史和文化背景有关。她寄给荣格的图画中的图案与克吕弗研究的由致幻剂诱导的图形结构以及天才贾森·帕吉特绘制的图案细节有着超乎寻常的相似之处。

科学家们发现，曼荼罗图案（如克吕弗所描述的蜂巢型、螺旋型、隧道型和蛛网型图案）的普遍性源于人类（以及其他动物）大脑视觉区域的组织方式。只有当大脑的活动是自发的，不被外界信号所控制时，视觉区神经元之间的连接才会产生这些图案。

这些几何图案是否与同宇宙融为一体的感觉有关？这种与宇宙合一的感觉有时伴随着幻觉、脑卒中、癫痫发作、药物服用一起出现，它们都与不同文化中报道过的神秘体验相关。

视角 5 愿景、未来和幻想 / 145

头脑中的图案

5.6 意识的"高级"形态？

在所有人类社会中，神秘体验似乎都共享某些特征，尽管文化差异和这些体验发生的特定环境增加了这种共同核心的多样性。与宇宙合一的感觉、自我的丧失、感受到全知和极乐的境界是神秘体验描述中反复出现的主题。以下描述的是众多例子中的一个，反映了许多宗教传统中的观念：

> 正如潜意识活动在意识之下发生，还有一种活动是在意识之上发生的，这种活动也不产生自我的感觉……没有"我"的感受，但思想在运转，无欲无求，无拘无束，无具象，无身体。随着真理光芒的闪耀，我们认识自身——由于等持（Samadhi*）是我们所有人身上都有的潜能，我们了解到真正的自我，是自由的、永恒的、无所不能的，解脱于有限之外，我们还了解到自我在善恶之间的对比，它与真实自我（Atman**）或宇宙灵魂相同。[《瓦西斯塔瑜伽》（*Yoga Vasishta Maharamayana*）***，可能写于公元前5世纪]

20世纪中叶，奥尔德斯·赫胥黎（Aldous Huxley）描述了一种非常相似的"高级"意识形态，这是他在服用墨斯卡灵后看着一瓶鲜花时产生的个人体验：

> 我看到了亚当创造之日的景象——每时每刻都是真实存在的奇迹……Istigkeit——不正是迈斯特·埃克哈特（Meister Eckhart）爱用的词吗？"存在性"。这就是柏拉图哲学中的存在性——柏拉图似乎犯了一个巨大且荒谬的错误，他把存在与变化分离，并用数学抽象的"理念"（Idea）来定义它。这可怜的家伙永远不可能看到一束花因其内在的光芒

---

* Samadhi，译为"等持，定，三昧"，在印度教和佛教哲学中指一个人在尚受肉体束缚时所能达到的最高精神集中状态。——译者

** Atman，印度哲学和印度教用语，有多种含义和解释，总体表示个体灵魂、个体的真实自我或内在的本质，是超越身体和心智的存在，是永恒、无边界、不受限制的，是超越有限存在和身份的核心。——译者

*** 《瓦西斯塔瑜伽》，原名 *Yoga Vasishta Maharamayana*，是一部古老的梵文文献，涵盖了广泛的主题，包括瑜伽、冥想、灵性实践和哲学问题等，据信是由 Valmiki 创作，在印度哲学和文化传统中具有重要地位。——译者

而闪耀,也无法感受到它们颤动着被迫承受意义的压力;他永远不可能意识到:玫瑰、鸢尾花和康乃馨如此强烈地表现出来的象征意义,无非就是它们本身——一个承载永恒生命的无常瞬间,一种蕴藏纯粹存在的恒久毁灭,一系列微小而独特的事物集合,不可言说却又不言而喻,被视为一切存在的神圣源泉。

这种神秘的体验可以通过冥想、参与集体仪式或服用药物等方式诱发,也可以在突然顿悟、脑卒中和狂喜性癫痫发作之后出现。专业的冥想者声称感官的融合表达了所有事物之间的联系。神经生物学家发现,在深度冥想过程中,脑电波频率和大脑区域活动会发生变化,这些变化会影响记忆巩固、情绪调节和两个大脑半球之间的互动。这些研究与人类宗教信仰的演变有关吗?

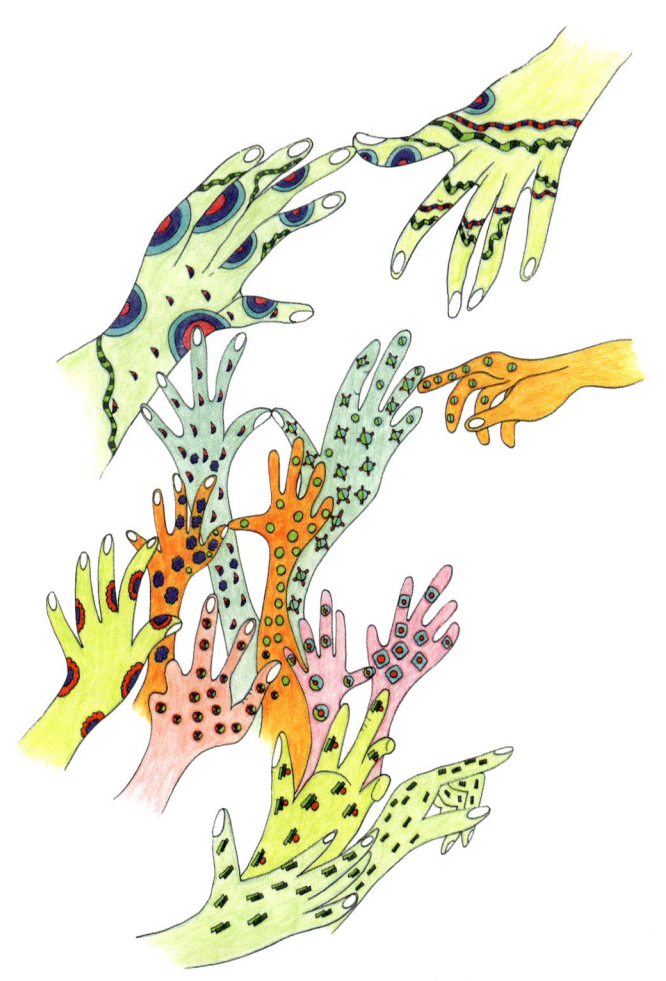

为上述目标而努力

5.7 我们的祖先是如何感知世界的?

在异常的情况下或在异常状态的人群中反复出现的感知模式和意识形态,又告诉了我们有关人类生物学和人类进化的哪些内容?

动物科学家坦普尔·葛兰汀认为,动物的感知能力与孤独症患者(比如她自己)的感知能力相似。她坚持认为,动物是形象思维者,它们的感知聚焦于图像的细节,它们能生动地感知到这些细节。她指出,用于整合信息和实现复杂认知行为的新皮质区域在动物中的发育程度不如人类,而且这些区域在孤独症患者中似乎存在功能失调。她由此推测,孤独症患者像动物一样更倾向于看到细节而不是全局,但是这些细节被感知得更精确,并且被更好地存储在记忆中。其中最极端的案例就是前述那样的天才。

艾伦·斯奈德(Allan Snyder[*])及其同事的神经学研究描绘了类似的情景:他们发现人为地抑制大脑的特定区域(左侧前颞叶)会在绘画、校对和算术方面诱发类似于天才般的技能,虚假记忆的产生也随之减少。斯奈德认为:"天才们有一些特殊的能力,可以在将低层级、未经处理的信息打包成具有整体概念和有意义的标签之前,就优先访问这些信息。由于自上而下的抑制机制失效,他们可以利用存储在大脑中的所有信息,但这些信息通常超出了我们的意识范围。"

是什么阻碍了所有人类都可能拥有的天才般的能力呢?笔者认为,所有的人都**是**天赋异禀者——都是**语言天才**。大多数人在幼儿时期就能以惊人的速度学习语言,到三岁时就能掌握大量的词汇和复杂的语法规则,这与较不常见的天才能力有相似之处。然而,语言概念化占主导地位的代价是对感知记忆的抑制。这个过程被称为"语词遮蔽效应":将所见之事用语言描述出来的人比没有描述该事件的人更难记住实际发生的细节。这种遮蔽效应可归因于语言中精简标签过程中固有的抽象化步骤,它支配着我们的认知。抽象化的语言天赋是我们用感知的敏锐度来换取的吗?

如果语言的进化需要付出感知上的代价,那么关于我们语前时期的祖先,即情感丰富且会

---

[*] 原文是 Alan Snyder,疑有误。——译者

脸红的直立人，我们能推断出什么？他们如何感知当时的世界？在没有语言的遮蔽效应以及自上而下的控制不那么严格的情况下，我们的祖先是否以更多的感知细节来体验世界，并能轻松地将其记住？他们是否具有联觉能力？语言的进化是否抑制了联觉，从而导致感官信息处理在更大程度上被分隔开来，使得绿色不一定与你听到的微风拂过松树的声音有关？在语言出现之前，天才是否更为普遍？最初的语言符号是否与颜色、气味和触觉的体验有关？学语前的婴儿是否具有联觉能力？我们语前时期祖先的宗教仪式是否更容易引发宗教体验？如果过去的意识与我们目前的意识存在很大不同，那么未来会怎样？我们能否随意将自己切换成天才？又能否通过制造人工智能设备（如机器人）来探索未来的人类意识？机器人对我们自身又有哪些启示呢？

这是我们的祖先感知世界的方式吗？

5.8 具有寓意的人造物

> 但凡是我不能创造的，我就无法理解。
>
> ——理查德·费曼（Richard Feynman）

构建有生命和有意识的人造物的早期尝试，见证了人类创造者内心的希望和恐惧，以及他们对知识和权力的渴望。在公元前5世纪的希腊，亚里士多德将带有可移动部件的机械木偶视为理解动物运动的模型："也许可将动物的运动与木偶的自动运动进行对比，后者是由微小的动作（松开绳子，弦钮相互撞击）所启动的。"这种使用机械模型来理解自然界运作方式的科学传统延续至今。

使用这类人造物的另一个动机是为了获得舒适感、财富或权力。例如，放置在埃及陵墓中的小雕像是为了在来世充当逝者的仆人和传声筒。

在20世纪，捷克作家卡雷尔·卡佩克（Karel Čapek）写了一部名为《R.U.R.》[即《罗苏姆的万能机器人》（*Rossum's Universal Robots*）]的科幻剧，该剧创造了"robot"（机器人）一词。robot源自捷克语robota（意为"强迫劳动"），在剧中指代利用柔软的合成"面团"、根据科学公式制造并由工厂生产的有感知的人，这些人被称为roboti。这些机器人是人类的奴隶，最终以一场叛乱反抗剥削他们的创造者，人类由此灭亡。类似的主题在此前和此后关于人造的有知觉生物的故事中反复出现，如玛丽·雪莱（Mary Shelley）在1818年出版的小说《弗兰肯斯坦》（*Frankenstein*），讲述了一位科学家制造了一种类人生物，这个注定饱受磨难的可怜怪物最终反抗了它的创造者。

与人类相似的人造物所体现的力量和知识往往具有宗教色彩。宗教神秘主义者建造的神像表达并模仿了上帝的创造力。在犹太教的神秘传统中，一位伟大而正义的拉比可以制造出"勾勒姆"（Golem）——一种没有语言能力的类人生物。据《塔木德》（Talmud）记载，巴比伦的犹太圣人拉瓦（Rava）创造了这样一种生物，并将其送给他的同事拉比泽拉（Zeira）。当泽拉与这个生物交谈时并没有得到回应，他意识到这是一个勾勒姆，就下令说："你是由我的一位同事创造的。归于尘土吧。"创造勾勒姆的技术包括用黏土捏出一个形状，但该过程的关键部分是操纵构成上帝名字的希伯来字母组合，这些字母能赋予泥塑以生命力。据传说记载，勾勒姆不能说话，因此它不具备人类的灵魂，人类的灵魂只有上帝才能赋予，但它确实拥有一个不能说话的动物的鲜活、敏感的灵魂。

过去的机器人或勾勒姆要么智力受限，要么是能力勉强提升的人类。如今，21世纪制造出的机器人，大多是金属制品，其基于人工智能算法的认知能力极为有限。尚没有一位机器人专家声称它们是有意识的，但许多人相信，人类即将创造一个有意识的机器人。他们的信念是基于什么？如果他们是正确的，那么成为机器人会是一种怎样的体验呢？

在一些创造勾勒姆的故事中，拉比会念出神的名字，并将单词"אמת"（意为"真理"）放入勾勒姆口中，或贴在它的前额上。如果去掉第一个字母，这个单词就会变成"מת"（意为"死亡"），勾勒姆就会解体

5.9　有意识的机器人？

如果我们发现外星人或机器人具有无限关联学习能力，并且表现出3.6节中讨论过的所有意识能力，我们就认为他们是有意识的。尽管我们需要拓展想象力（就像我们对动物和天才那样），因为这些生物的感官、联想、评价、记忆和运动能力可能与我们自身的非常不同，而我们仍关注熟悉的领域。这样的外星人和机器人将表现出"我们所熟知的意识"，即地球上的生物所拥有的意识，这是我们唯一知道存在的意识。

迄今为止，我们尚未遇到过任何外星人，也没有任何机器人或人工智能（AI）系统像大鼠、章鱼或蜜蜂等动物那样具有普遍而灵活的智能和无限关联学习能力。有一些人工智能程序可以做出惊人的事情：2016年，由谷歌旗下的DeepMind公司开发的知名程序AlphaGo击败了围棋冠军李世乭（Lee Sedol）。不过，AlphaGo所拥有的意识水平不会超过你的手机。它只会在围棋棋盘上下围棋。然而，在这个有限的领域内，该程序取得了令人惊叹的成就。另一位围棋冠军对AlphaGo下出的一步棋赞叹不已："这不是人类的着法。我从来没有见过人类这样下这一步棋。太漂亮了。"虽然这个程序是由人类创造的，但它能够学习并进行自我对弈，它的着法超出了其创造者的想象。

一些机器人专家和软件工程师认为，将许多不同类型的专业学习程序放在一起，并安装额外的集成和控制的高级程序，可以让机器人展现出超越人类的灵活行为。他们声称，这样的机器人将是有意识的：它将具有内在的动机，并能在各种环境和情况下实现目标。这些机器人专家乐观地认为，他们将克服障碍，在不久的将来实现这一目标。他们预见了哪些障碍？软件的复杂程度是唯一的难处吗？

事实并非如此。软件的复杂性与硬件密切相关。机器人专家远比理论家和程序员更清楚地意识到形体具象的重要性。他们知道，机器人的身体是非常重要的，正如动物的形态一样，机器人的形态决定了它可能的行动和学习机会。这是否意味着，如果想要创造一个拥有人类意识的机器人，它应该具有类似人类的身体？

实际情况可能比这更为复杂。机器人专家们也开始思考，是否除了机器人的形式，用于制造机器人的材料也很重要。动物是由细胞构成的,它们比任何人造计算机都要复杂。生物的行为灵活性依赖于细胞的有机"湿件"所提供的可塑性,这种行为灵活性是否可以在其他材料中复现呢?尽管机器人不具备生物的基本需求,如繁殖和自我维护的生理状态(稳态),但有意识的机器人需要维持其认知-情感的自主性、能动性和身份认同。它们能否在没有有机"湿件"要求的自我保存条件下实现这一点?

机器人专家还必须考虑机器人发展的特定路径。发展型机器人专家认为,与导师一起逐步学习是确保稳健的感官-运动耦合、自主性和社会身份认同的必要条件。据推测,在能够认识到如正义这样的象征性价值之前,机器人需要学会满足如自我维护等基本价值。在机器人的学习能力和意识成熟的同时,它的身体是否需要同步发展和成长?当有意识的机器人的需求、自主性和价值受到阻碍时,它们是否会感受到痛苦?

一只小机器鸟正在向真正的鸟学习

5.10 虚拟现实和人机融合

虽然有意识的机器人仍是幻想,但人机接口正在积极而有创造性地开发中。因此,随着新技术的出现,人类的意识是否会发生变化?这是一个迫切的问题。

想象力拓展的实践和技术是人类思维架构的组成部分。宗教仪式、戏剧表演、讲故事、书籍、电影和电视节目是将人类带入过去、未来或想象中的世界的常见方式。这些文化建构增强了我们的记忆、学习和感知能力。阅读书籍时,我们会哭会笑,书籍既可以改变我们的生活,也可以影响历史的进程。亚伯拉罕·林肯(Abraham Lincoln)对哈丽雅特·比彻·斯托(Harriet Beecher Stowe)说:"原来你就是写了这本书,引发了这场大战的小妇人!"这里他指的是美国内战和《汤姆叔叔的小屋》(Uncle Tom's Cabin),这本书描述了奴隶制的恐怖之处,唤起了读者心中深深的共鸣和道德上的愤慨。

沉浸在虚拟世界中的能力是我们独特的、象征性的存在所固有的。正如4.6节中提到的,我们也在使用物理设备来扩展心智和身体的极限。眼镜、假牙、人工心脏瓣膜、助听器、日记本、日历、显微镜、望远镜、雷达和互联网,这些是我们用来维持或拓展感官、运动和认知能力的可穿戴设备或离体设备。就像阅读和使用计算器一样,这类扩展技术已经融入了我们对自我和世界的认知概念。笔者同意哲学家安迪·克拉克(Andy Clark)的观点,即人类是天生的赛博格(由生物成分和技术成分组成的实体),因为正如他所说,在人类身上,技术已经"与我们现有的生物能力和特征融合得如此灵动深入,以至于我们感觉不到自己和非生物元素之间的边界"。

我们对这些扩展技术已经司空见惯。只有当这些技术向我们提出挑战时,当它们还很新奇且不为人所熟知时,我们才会注意到它们。虚拟现实(VR)技术就是一个例子,基于计算机生成的环境,参与者以第一人称视角体验其中。参与者使用头戴式显示器,观看三维的虚拟现实视频,其中包括她自己的计算机生成形象——她的虚拟化身,它也许但并非必须与她本人很相似,也可以是某种动物或虚构的角色。参与者看到虚拟世界的同时,她的眼睛、身体和头部动作以及声音都被实时追踪并模拟到虚拟化身中。例如,当参与者抬头看上方时,虚拟世界中的虚拟化身也会做出相应的动作;当她说话时,虚拟化身也会说话。与设备连接几分钟后,参与者会认为虚拟化身就是自己，并能与虚拟世界中的其他虚拟化身进行交互。她还可以成为一只飞蝠、一条狗或者一只螃蟹。基于外部感官输入和内部大脑模型之间的相互作用，这种技术引导参与者产生拥有虚拟身体和体验虚拟世界的错觉。我们所认为的"自我"和我们视为"外部"的认知技术之间的界限被打破了。

虚拟现实技术正在普及，目前多被用于娱乐，也被用于练习高难度的技能，如外科手术、驾驶飞行器、心理治疗和军事训练。人们生活在虚拟现实中是否会失去隐私和自主权？这是值得付出的代价吗？人们是否愿意在虚拟现实中度过大部分的清醒时间？一个殴打妻子的人在对女性受害者的虚拟化身产生认同感后，或许能更好地控制自身的攻击性；但这种类型的治疗和艺术治疗之间是否有本质的区别？如果认为自己是一只飞行的蝙蝠，我们是否能更真切地感受到作为蝙蝠的感觉？

当然还有其他方法可以改变和扩展我们的感知和身体意象。通过练习，我们可以重塑大脑来替代感官上的缺失。在1.8节中描述的丹尼尔·基什（他学会了使用声呐来"看"）案例表明，大脑比想象中更具可塑性。与大脑直接连接的人工设备可能会进一步促进这种功能扩展。赛博格尼尔·哈比森（Neil Harbisson）的额头上悬挂着一根天线，这根天线被连接到可将光波波长转换为声音频率的芯片上。在这个例子中，由于他只能看到灰色的世界，这种传感器的设计可帮助他对抗色盲；而对于能看到颜色的人，这大概会导致视听联觉。另一位赛博格穆恩·里瓦斯（Moon Ribas）的左臂上植入了一个传感器，当地球上任何地方发生地震时，这个传感器就会振动。第三位赛博格利维乌·巴比茨（Liviu Babitz）的胸部皮肤下植入了一个小型硅胶装置，每当他面向北方时这个装置就会振动，这使他获得了鸽子等动物天然具备的磁感受。目前还在研发能改变穿戴者的形态、力量和速度的动力外骨骼（可穿戴式移动机器），这将极大地改变他们的身体意象。

另一项技术是在大脑中植入能与计算机通信的电极，使人能够控制假肢，并能记录产生该意图的大脑活动变化。在一项早期实验中，电极被植入大鼠的运动控制脑区。当大鼠拉动一个操纵杆时，运动区的活动模式被发送到计算机上，该计算机对信号进行解码并触发食物的输送装置。电极还记录了拉动操纵杆**之前**的神经状态，因此大鼠只需产生拉动杠杆的**意图**就能获得奖励。在几天内，大鼠学会了无须采取实际行动就能获得奖励，行动的意图与行动本身一样有效。

工程师和企业家埃隆·马斯克(Elon Musk)认为人类可以更进一步,他开发了一种可以植入人脑的微小电极阵列,其中包含一万个电极,可以通过计算机控制由疾病引起的大脑活动。他认为,发展这种神经调控技术的能力在未来将使赛博格能够在他们的大脑和外部设备(如强大的计算机或另一个赛博格)之间进行直接和快速的交互。这样的设备也将使赛博格彼此之间可以交流思想、感受、知觉,甚至梦境。由此所有赛博格和计算机集群可以连接起来,而动物赛博格或许也可以参与这些交互式体验。如果我们与赛博格穿山甲、赛博格蜜蜂或蜂巢中的整个蜂群相连,我们是否能够在对应的虚拟现实中直接体验成为穿山甲、蜜蜂或蜂群的感受?

扩展感官、运动、学习和交流能力并不难想象。难以想象的是它们作为一个整体将带来什么。个体将与社会和生命世界融为一体吗?私人的自我感受是否会扩展到包含整个世界,还是会随着我们成为更大整体的一部分后逐渐消退?理智又将意味着什么?谁或者什么将会负责赛博格之间的沟通呢?

在虚拟现实中,变成一只蝙蝠是什么感觉?

赛博格的国度

5.11 延伸的伦理规范

如果赛博格的存在和虚拟现实内的生活成为常态，我们将需要考虑在虚拟世界中犯罪的法律制裁。未来允许人类赛博格侵入其他赛博格的思想的程度也必须受到法律约束。我们不知道这种思想管制会采取何种形式，也不知道个人自由为之付出的代价是什么，但我们需要做好准备。

更为紧迫的问题是承认人类之外的其他生物也会经历痛苦，这具有重要的道德意义。我们所考虑的是非人类动物，包括目前正在构建的动物－动物嵌合体和人－动物嵌合体。此外，还需要考虑未来有意识的机器人和其他人造物，如大脑类器官——由人类干细胞培育出来的组织，它们可以自组织形成类似大脑的结构。关于动物，我们必须自问如何确保它们的福利，而关于有朝一日**可能**拥有意识的人造物，主要的问题是，应否允许它们拥有意识。人类在伦理方面有着非常糟糕的历史记录。我们对其他人类和动物的可怕且残忍的行为对未来有意识的人造物来说并不是一个好兆头。

我们应该如何对待动物，其答案在理论上很简单，在实践中却很难。显然，我们必须竭尽全力防止动物遭受痛苦。我们相信，除了精神病患者，大多数人都会认为这是可取的。我们知道，有感知能力的动物会感受到肉体的疼痛，尽管不同物种的疼痛阈值可能不同，它们表达疼痛的方式也可能与我们不同。有很好的证据表明，在与人类密切接触的动物中，精神痛苦，如慢性恐惧、神经症和创伤后应激障碍，是很常见的现象，而人类往往不关心或忽视动物的需求。动物福利实践还必须考虑到物种的进化史以及形成其需求的生态和社会条件。例如，单独饲养马之类的社会性动物，就像对人类进行单独监禁一样可怕。我们对动物需求和动物意识的不同形式了解得越多，动物福利实践就会越好。

动物－人类嵌合体是通过将人类干细胞转移到位于不同发育阶段的动物宿主体内而产生的，其主要动机是创造出可供人体移植的由人类细胞构成的器官。但是，如果人类细胞出现在嵌合体的神经系统中，这些嵌合体的认知和意识形式将会是什么？它们的认知和意识会增强吗？还是会被削弱，或是变得病态？我们都无从而知。如果我们对这些嵌合体的精神需求、能力和缺陷一无所知，就无法去关注它们的福利。

我们是否应该担心假想的未来机器人的福利？哲学家托马斯·梅青格尔（Thomas Metzinger）认为，制造具有自我意识并"拥有"感受的机器人（或任何其他有意识的人造物）将导致其受苦，因为它们将被人类所支配，而且早期版本可能是只有部分功能的残疾状态。伊恩·麦克尤恩（Ian McEwan）的反乌托邦小说《我这样的机器》（Machines Like Me）描述了僵化的价值体系对前50个有知觉的机器人的影响。它们无法妥协，也无法避免因自身价值观和人类主人的行为之间存在冲突而承受的痛苦。这种冲突最终导致了所有机器人的悲惨死亡：49个机器人自杀，1个机器人被谋杀。究竟是应该禁止这样的研究项目，还是应该和麦克尤恩一起，期待未来的"人类–机器人"乌托邦？

我们不知道在一个集体赛博格增强现实世界中，成为机器人、嵌合体或赛博格将是何种感受。它们的意识会超越基于象征的人类意识吗？我们能想象出后象征式意识——或一种不依赖于我们所知的生命的意识吗？

耆那教徒说，尼米纳什（Neminath，耆那教的"救世主"之一）在结婚那天骑着大象离开了自己的村庄。在路上，他听到痛苦的尖叫声，想要知道其来源。尼米纳什的象夫告诉他，这些尖叫声来自为他的婚宴所宰杀的动物。这一刻改变了尼米纳什。他释放了幸存的动物，并放弃了他曾经的生活

5.12 索拉里斯星：局限性

《索拉里斯星》(*Solaris*)是有史以来最引人入胜的科幻小说之一，斯坦尼斯瓦夫·莱姆(Stanisław Lem)在这部小说中描述了一颗名为索拉里斯的星球，其表面覆盖着一片有生命且有意识的胶状海洋。尽管人类关于生命和意识的概念无法尽述海洋深远而神秘的意义，莱姆成功地描述了海洋构建出的宏大而无常的结构，以及浩瀚的繁复与美感。这些结构保证了行星轨道的稳定，以便星球在蓝色和红色太阳周围公转，并创造惰性和活性中微子生命体——这些生物复制了人类研究者的物品、记忆和幻想。对于人类来说，理解海洋奇妙且不断变化的结构的形成过程是不可能的：

> 我们观察到的只是这个过程的一小部分，就像在超巨星组成的管弦乐队中听到单根琴弦的振动。我们知道，但却无法领悟，在感知或想象的极限之外，飞云之上或深渊之下，成千上万的变化正在同时进行，宛如数学对位法写就的乐谱般相互交织。虽可将其描述为一部几何交响乐，我们却缺乏聆听仙乐的耳朵。

海洋的活动所包含的价值和意义无法转化为人类的概念，因此对海洋的认知是无法言说的。尽管人类无法与海洋沟通，但海洋却在探索、剖析和揭示人类，而人类无法理解为何如此——事实上，"为什么"这个概念本身可能就是误导性的。海洋的探索使人类有机会接触自己的隐藏面，重建彼此之间的关系，并承认他们在理解上的障碍以及无限的渴望。故事的主人公决定留在索拉里斯星，这颗星球使他的爱情悲剧得以再生和转化，他坚信"无情的奇迹尚未远去"。

莱姆的书帮助我们认识到自身思维的局限性、可能性以及变化性。在未来500年里，伴随科学家、小说家和艺术家对意识的重新想象，对意识的研究会发生怎样的变化？哪些问题将被解答？哪些问题将被抛弃？哪些问题将被重新构思？又将出现哪些新问题？

"虽可将其描述为一部几何交响乐,我们却缺乏聆听仙乐的耳朵。"

——斯坦尼斯瓦夫·莱姆

理论易逝,青蛙长存。

——让·罗斯唐(Jean Rostand)

致 谢

感谢以色列开放大学和特拉维夫大学多年来对我们工作的支持和帮助。感谢笔者的朋友及同事们：乌齐·本－兹维（Uzi Ben-Zvi）、丹尼尔·多尔（Daniel Dor）、罗米·恩兰德（Romi Englander）、利·伊迪诺珀洛斯（Lea Idinopulos）、达妮埃拉·莱博维茨（Daniela Leibowitz）、埃弗拉特·拉波波特（Efrat Rapoport）、多坦·赖斯（Dotan Reis）、萨拉·施瓦茨（Sara Schwartz）、多尔·希尔通（Dor Shilton）和奥尔扬·扎克斯（Oryan Zacks），他们对文本进行了批判性阅读，提醒我们术语使用的纰漏，并鼓励我们努力以浅显的文字写作，同时避免过度简化。还要感谢单亚峰（Yafeng Shan）、Machi Okoyama，以及比阿特丽斯（Beatrice）、利奥（Leo）和马蒂·森克曼（Mati Senkman），他们翻译了中文、日文和西班牙文的短文或诗歌。特别感谢玛丽昂·兰姆（Marion Lamb），她多次阅读和编辑文稿，一字一句反复推敲，指出语意不详之处，帮助我们凝练思想。最后，非常感谢安娜的朋友——东英吉利诗人简·莫奈，在安娜画作的启发下创作诗歌，并允许我们引用这些尚未发表的诗歌。

注 释

注释部分提供了每章中引文的来源。许多讨论都是基于笔者的著作 The Evolution of the Sensitive Soul: Learning and the Origins of Consciousness（Cambridge, MA: MIT Press, 2019），后文简称 TESS。

引言部分的引文出自 T. H. Huxley, Lessons in Elementary Physiology（London: Macmillan, 1866），193。

视角 1

引言部分的引文出自 Sir Charles Scott Sherrington（1857—1952）在英国广播公司（BBC）演讲的出版版本，收录于 The Physical Basis of Mind: A Series of Broadcast Talks, ed. P. Laslett（Oxford: Blackwell, 1950），3—4。

1.1 何谓心灵？

诗歌原作者为一休宗纯（1394—1481）。英文翻译修改自 R. H. Blyth 著作中的翻译版本，Zen and Zen Classics, vol. 5（Tokyo: Hokuseido Press），162—192，https://terebess.hu/zen/mesterek/IkkyuDoka.html#d。

1.2 溪流、波涛与鸟儿

第一段引文出自 W. James, "On Some Omissions of Introspective Psychology," Mind 9（1884）: 16。

第二段和第三段引文出自 W. James, The Principles of Psychology, vol. 1（New York:

Dover，1890），280，243。

1.3 蝴蝶
引文出自 B. Watson, *Zhuangzi: Basic Writings*, 3rd ed.（New York：Columbia University Press，2003），43。单亚峰博士将原文翻译为中文。

1.4 二元论
引文出自 R. Descartes, *Meditations on First Philosophy in which are demonstrated the existence of God and the distinction between the human soul and the body*（1639），trans. J. Cottingham（Cambridge：Cambridge University Press，1986）。（引自第二沉思的第二段：https://www.marxists.org/reference/archive/descartes/1639/meditations.htm.）

1.5 泛心论
关于泛心论的讨论详见 P. Goff, *Galileo's Error: Foundations for a New Science of Consciousness*（New York：Pantheon Books，2019）。

1.6 物理主义
引文出自 F. Crick, *The Astonishing Hypothesis*（New York：Charles Scribner's，1994），3。作者在书中清晰地阐述了物理主义。

1.7 亚里士多德学派的自然主义
引文出自 Aristotle, *On the Soul*, book 2, chapter 3, 见 *The Complete Works of Aristotle*, Revised Oxford Translation, vol. 1（Princeton, NJ：Princeton University Press，1984）。

1.8 成为蝙蝠是怎样的体验？
思想实验详见 T. Nagel, "What Is It Like to Be a Bat？" *Philosophical Review* 83（1974）：435—450。

关于丹尼尔·基什的第一段引文参见 Clare Wilson, "This Is How Some Blind People Are Able to Echolocate Like Bats," *New Scientist*, August 31，2017，https://www.newscientist.com/article/2145962-this-is-how-some-blind-people-are-able-to-echolocate-like-bats/。第二段引文参见 "Navigating the World Using Echoes," RNIB, November 1，2017，https://www.rnib.org.uk/rnibconnect/blind-echolocation。

1.9 知道之道

被称为"知识论证"的思想实验详见 F. Jackson, "Epiphenomenal Qualia," *Philosophical Quarterly* 32（1982）, 127—136。引文来自第 130 页。

1.10 自我：甜甜圈之洞

第一段引文出自 D. Hume, *A Treatise of Human Nature*（1739—1740/1978）, 2nd ed., ed. P. H. Nidditch（Oxford: Clarendon Press, 1978）, 252。

第二段引文出自 O. Mandelstam, *Fourth Prose*（1930）, 发表于 *Hudson Review* 23, no. 1（spring 1970）: 65。

默克关于自我的看法详见 B. Merker, "Consciousness without a Cerebral Cortex: A Challenge for Neuroscience and Medicine," *Behavioral and Brain Sciences* 30（2007）: 63—134, https://doi.org/10.1017/S0140525X07000891。

1.11 你会不会是缸中之脑？

关于缸中之脑思想实验的讨论，详见 M. McKinsey, "Skepticism and Content Externalism," 发表于 *The Stanford Encyclopedia of Philosophy*（Summer 2018 Edition）, ed. Edward N. Zalta, https://plato.stanford.edu/entries/skepticism-content-externalism/。

被分离的大脑的活性详见 S. Reardon, "Pig Brains Kept Alive Outside Body for Hours after Death," *Nature* 568（2019）: 283—284, https://doi.org/10.1038/d41586-019-01216-4。

1.12 哲学僵尸？

关于哲学僵尸的讨论出自 D. J. Chalmers, *The Conscious Mind: In Search of a Fundamental Theory*（New York: Oxford University Press, 1996）。

视角 2

引言部分的引文出自 Aristotle, *Parts of Animals*, trans. A. L. Peck, Loeb Classical Library 323（Cambridge, MA: Harvard University Press, 1937）, https://www.loebclassics.com/view/aristotle-parts_animals/1937/pb_LCL323.101.xml, 645a, 20—25。

2.1 生物学视角

本节中提到的故事来源于真实事件，细节有所改动。

2.2 细菌拥有意识吗？

第一段引文出自 W. Wundt, *Principles of Physiological Psychology I*, trans. E. B. Titchener（London：Sonnenschein, 1904），31。

第二段引文出自 A. S. Reber, *The First Minds: Caterpillars, 'Karyotes, and Consciousness*（Oxford：Oxford University Press, 2018），ix。

关于细菌意识的讨论，详见 P. Lyon, "The Cognitive Cell: Bacterial Behavior Reconsidered," *Frontiers in Microbiology* 6（2015）：264, https://doi.org/10.3389/fmicb.2015.00264；以及 D. Bray, *Wetware: A Computer in Every Living Cell*（New Haven, CT：Yale University Press, 2009）。图注部分引文来自 Bray 此书第 26 页。

2.3 拥有意识的黏菌？

更多关于黏菌行为的讨论，详见 K. Moskvitch, "Slime Molds Remember—But Do They Learn?" *Quanta*, July 9, 2019, https://www.quantamagazine.org/slime-molds-remember-but-do-they-learn-20180709/；以及 P. Ball, "Cellular Memory Hints at the Origins of Intelligence," *Nature* 451（2008）：385, https://doi.org/10.1038/451385a。引文出自 Ball 此文第 385 页。

2.4 植物拥有意识吗？

D. Chamovitz, *What a Plant Knows: A Field Guide to the Senses*（New York：Farrar, Straus and Giroux, 2017），整本书详细描述了植物的感官能力及其惊人的适应性。

本节引文出自 R. Powers, *The Overstory*（New York：Vintage, 2019），566—567。

图注引文出自 A. G. Parise, M. Gagliano, and G. M. Souza, "Extended Cognition in Plants: Is It Possible?" *Plant Signaling and Behavior* 15, no. 1710661（2020）：4, https://doi.org/10.1080/15592324.2019.1710661。

2.5 海绵拥有意识吗？

关于所有动物起源自海绵动物的讨论，详见 TESS, chapter 6, 269—273。

2.6 神经系统的特殊之处

更多关于神经系统细节的介绍，详见 TESS, chapter 6, 254—262。动作电位是由特定离子进出神经元带来的短暂膜电位变化，是神经元传递电信号的模式。

记忆除了存在于细胞内水平与突触水平，还存在于神经系统的全局电场水平。

2.7 优雅的水母,迷人的海葵

更多关于水母与海葵的讨论,详见 TESS, chapter 6, 273—289。关于水母一生的概述,详见 D. J. Albert, "What's on the Mind of a Jellyfish? A Review of Behavioural Observations on Aurelia sp. Jellyfish," *Neuroscience and Biobehavioral Reviews* 35(2011): 474—482, https://doi.org/10.1016/j.neubiorev.2010.06.001。

2.8 有头脑的蠕虫

关于线虫学习能力的讨论,详见 C. H. Rankin, "Invertebrate Learning: What Can't a Worm Learn?" *Current Biology* 14(2004): R617—R618, https://doi.org/10.1016/j.cub.2004.07.044。

关于扁虫学习能力的讨论,详见 T. Inoue, H. Hoshino, T. Yamashita, S. Shimoyama, and K. Agata, "Planarian Shows Decision-Making Behavior in Response to Multiple Stimuli by Integrative Brain Function," *Zoological Letters* 1(2015): 7, https://doi.org/10.1186/s40851-014-0010-z。

图注的引文出自 Lyndsay Brownsell, "Mike Levin on Electrifying Insights into How Bodies Form: Using Bioelectricity to Study How Cells Make Collective Decisions about Growth and Shape," Wyss Institute, July 26, 2019, https://wyss.harvard.edu/news/mike-levin-on-electrifying-insights-into-how-bodies-form/。

2.9 模糊的共识

引文出自 *The Cambridge Declaration*(2012), http://fcmconference.org/img/CambridgeDeclarationOnConsciousness.pdf。

2012 年"人类意识和非人动物意识"会议于剑桥大学举行,与会神经科学家共同撰写了这份宣言并集体署名。

2.10 鱼类拥有意识吗?

关于鱼类行为适应性与认知能力的讨论,详见 J. Balcombe, *What a Fish Knows: The Inner Lives of Our Underwater Cousins*(New York: Scientific American/Farrar, Straus and Giroux, 2016)。

引文出自 C. Darwin, *The Descent of Man, and Selection in Relation to Sex*(London: John Murray, 1871), 402。

2.11 爬行动物拥有意识吗？

意识起源于爬行动物的观点，详见 M. Cabanac, A. J. Cabanac, and A. Parent, "The Emergence of Consciousness in Phylogeny," *Behavioural Brain Research* 198（2009）: 267—272, https://doi.org/10.1016/j.bbr.2008.11.028。

本节所举事例的细节详见 G. M. Burghardt, B. Ward, and R. Rosscoe, "Problem of Reptile Play: Environmental Enrichment and Play Behavior in a Captive Nile Soft-Shelled Turtle, *Trionyx triunguis*," *Zoo Biology* 15, no. 3（1996）: 223—238, https://doi.org/10.1002/(SICI)1098-2361(1996)15:3<223::AID-ZOO3>3.0.CO; 2-D; M. Shein-Idelson, J. M. Ondracek, H. P. Liaw, S. Reiter, and G. Laurent, "Slow Waves, Sharp Waves, Ripples, and REM in Sleeping Dragons," *Science* 352, no. 6285（2016）: 590—595, https://doi.org/10.1126/science.aaf3621; B. A. Ellis-Quinn and C. A. Simon, "Lizard Homing Behavior: The Role of the Parietal Eye during Displacement and Radio-Tracking, and Time-Compensated Celestial Orientation in the Lizard, *Sceloporus jarrovi*," *Behavioral Ecology and Sociobiology* 28（1991）: 397—407。

2.12 脊椎动物：鸟类与哺乳类

关于鸟类与哺乳类动物意识的讨论，详见 TESS, chapter 5, 205—209。

关于猪的智力水平，更多信息详见 L. Marino and C. M. Colvin, "Thinking Pigs: A Comparative Review of Cognition, Emotion, and Personality in *Sus domesticus*," *International Journal of Comparative Psychology* 28（2015）, https://escholarship.org/uc/item/8sx4s79c。

关于非洲鹦鹉亚历克斯的描述，详见 I. Pepperberg, *Alex & Me: How a Scientist and a Parrot Discovered a Hidden World of Animal Intelligence—and Formed a Deep Bond in the Process*（London: Scribe, 2009）。

2.13 某些节肢动物呢？

俳句由日本诗人、居士小林一茶（1763—1828）创作，小林一茶以其俳句与日记闻名。

关于节肢动物拥有意识的可能性的讨论，详见 A. B. Barron and C. Klein, "What Insects Can Tell Us about the Origins of Consciousness," *Proceedings of the National Academy of Sciences USA* 113（2016）: 4900—4908, https://doi.org/10.1073/pnas.1520084113。

关于脊椎动物与节肢动物大脑功能相似性的讨论，详见 N. J. Strausfeld and F. Hirth, "Deep Homology of Arthropod Central Complex and Vertebrate Basal Ganglia," *Science* 340, 157—161, https://doi.org/10.1126/science.1231828。

关于螯虾焦虑行为的描述，详见 P. Fossat, J. Bacque-Cazenave, P. De Deurwaerdere,

J.-P. Delbecque, and D. Cattaert, "Anxiety-like Behavior in Crayfish Is Controlled by Serotonin," *Science* 344, no. 6189（2014）: 1293—1297, https://doi.org/10.1126/science.1248811。

关于蜂类认知能力的讨论，详见 L. Chittka and C. Wilson, "Bee-Brained," *Aeon*, November 27, 2018, https://aeon.co/essays/inside-the-mind-of-a-bee-is-a-hive-of-sensory-activity。

引文出自 Maurice Maeterlinck（1862—1949）, *The Life of the Bee*, trans. A. Sutro（Reprint of the 1901 edition; New York: Dodd, Mead, 1902）, 45。

2.14 头足动物什么情况？

诗歌由松尾芭蕉（1644—1694）创作，出自 http://firstknownwhenlost.blogspot.com/2014/08/a-dream-beneath-summer-moon.html。

关于章鱼认知能力与意识水平的讨论，详见 P. Godfrey-Smith, *Other Minds: The Octopus, the Sea, and the Deep Origins of Consciousness*（New York: Farrar, Straus and Giroux, 2016）。

2.15 只有人类拥有意识吗？

引文来自一篇关于17世纪牧师、哲学家马勒伯朗士的文章：N. Jolley, "Malebranche on the Soul", 收录于 *Cambridge Companion to Malebranche*, ed. S. Nadler（Cambridge: Cambridge University Press, 2000）, 31—58。

关于只有人类拥有意识这一观点的讨论，详见 TESS, chapter 5, 199—205。

2.16 意识的社交维度是什么？

关于动物的文化传统与行为规范的讨论，详见 E. Avital and E. Jablonka, *Animal Traditions: Behavioural Inheritance in Evolution*（Cambridge: Cambridge University Press, 2000）; C. Andrews, *The Animal Mind: An Introduction to the Philosophy of Animal Cognition*, 2nd ed.（New York: Routledge, 2020）, chapter 9。

引文来自 C. G. Jung, *The Concept of the Collective Unconscious*（Princeton, NJ: Princeton University Press, 1968）, 42。这最初是荣格在1936年10月19日于伦敦圣巴塞洛缪医院（St. Bartholomew's Hospital）向阿伯内西学会（Abernethian Society）授课的内容，后发表于 *St. Bartholomew's Hospital Journal* 44（1936—37）: 46—49, 64—66。

视角 3

引言部分的引文出自 H. Spencer, *Principles of Psychology*, 3rd ed.（London: William and Norgate, 1890），291。

3.1 引言：为何要从进化角度研究意识？

关于该话题的深入讨论，详见 TESS, chapters 1—3。

3.2 进化论

引文出自 C. Darwin, *The Origin of Species by Means of Natural Selection, or the Preservation of Favoured Races in the Struggle for Life*, 6th ed.（London: John Murray, 1872），https://www.gutenberg.org/files/2009/2009-h/2009-h.htm。引文来自此书最后一段。

关于梅纳德·史密斯对达尔文自然选择理论的总结，详见 J. Maynard Smith, *The Problems of Biology*（Oxford: Oxford University Press, 1986）。注意，其中第四原则"竞争"实际上是指生存与繁殖过程的差异化，其中未必涉及社会学相关领域的竞争过程（这是社会学上有趣的隐喻性偏见）。

关于21世纪对进化理论的整合观点的讨论，详见 E. Jablonka and M. J. Lamb, *Evolution in Four Dimensions: Genetic, Epigenetic, Behavioral and Symbolic Variation in the History of Life*, 2nd ed.（Cambridge, MA: MIT Press, 2014）。

"基因是追随者，而非领导者"这句话出自 M. J. West-Eberhard, *Developmental Plasticity and Evolution*（New York: Oxford University Press, 2003），20。

3.3 进化转变

笔者的研究方法详见 TESS, 241—250。

关于进化转变的观点，详见 J. Maynard Smith and E. Szathmáry, *The Major Transitions in Evolution*（Oxford: Oxford University Press, 1995）; D. C. Dennett, *Kinds of Minds: Towards an Understanding of Consciousness*（New York: Basic Books, 1997）。

3.4 从进化转变的角度思考意识

笔者的研究方法详见 TESS, chapters 1, 5, and 8。

3.5 生命的进化

甘蒂的学说详见 T. Gánti, *The Principles of Life, with a Commentary by James Griesemer and*

Eörs Szathmáry（New York：Oxford University Press，2003）。

3.6 意识的演化：列出清单

关于意识的能力清单以及对清单中每一项的具体讨论，详见 TESS，chapter 5，233—239。

第一段引文出自 W. James，*The Principles of Psychology*，vol. 1（New York：Dover，1890），609—610。

第二段引文出自 M. Merleau-Ponty，*Phenomenology of Perception*，trans. C. Smith（London：Routledge and Kegan Paul，1962），169。

3.7 学习与意识：不太可能相关？

引文出自 B. F. Skinner，*Science and Human Behavior*（New York：Macmillan，1953），30 and 3。

关于关联学习的研究历史，详见 R. Boakes，*From Darwin to Behaviourism: Psychology and the Minds of Animals*（Cambridge：Cambridge University Press，1984）。

3.8 无限关联学习是意识的进化转变标记物

关于无限关联学习细节的讨论，详见 TESS，chapter 5，230—239，chapter 8，382—403。

关于无限关联学习理论的入门介绍，参见 J. Birch, S. Ginsburg, and E. Jablonka,"Unlimited Associative Learning and the Origins of Consciousness：A Primer and Some Predictions,"*Biology & Philosophy* 35（2020），article 56，https://doi.org/10.1007/s10539-020-09772-0。

3.9 感受与概念

关于达尔文对情绪及情绪演化的观点，详见 C. Darwin，*The Expression of the Emotions in Man and Animals*（London：John Murray，1872）。

目前关于情绪与感受的多种观点的总结，详见 TESS，chapter 5，213—219。

关于动物情绪的描述与讨论，详见 T. Grandin，*Animals in Translation: Using the Mysteries of Autism to Decode Animal Behavior*（New York：Scribner，2005）。

3.10 意识的功能与目标

引文出自 W. James，*The Principles of Psychology*，vol. 1（New York：Dover Publications，1890），141。

关于"意识是存在的一种模式"这一观点，详见 S. Ginsburg and E. Jablonka,"Consciousness as a Mode of Being," *Journal of Consciousness Studies* 27, nos. 9—10（2020）：148—162。

3.11 哪些有机体表现出无限关联学习？谁拥有意识？
TESS 第 8 章讨论了无限关联学习的神经构造，以及支持无限关联学习在不同生物体中存在的行为学证据与神经水平证据。

3.12 动物进化的大爆发
意识在寒武纪时期演化形成，是爆发式演化多样化的驱动力之一，而这种多样化反过来定义了意识，关于这一观点的描述详见 TESS, chapter 9, 405—425。

关于意识在寒武纪时期起源的讨论也可参考 T. E. Feinberg and J. Mallatt, *The Ancient Origins of Consciousness: How the Brain Created Experience*（Cambridge, MA：MIT Press, 2016）。

3.13 喜悦的源头
诗歌作者为小林一茶（1763—1828；见 2.13 部分）。

亚里士多德部分的引文来自 *Metaphysics* 1, 1—5, *The Complete Works of Aristotle*, revised Oxford Translation, Volume I, Princeton, NJ: Princeton University Press。

拉马克认为存在的感受是最先出现的有意识感受，这一观点来自 Lamarck, J. B.（1809/1914）, *Zoological Philosophy*（H. Elliot, Trans.）, New York: Hafner。

潘克塞普关于好奇心是一种基本情绪的观点，详见 Panksepp, J.（2005）, Affective Consciousness: Core Emotional Feelings in Animals and Humans, *Consciousness & Cognition*, 14, 30—80。

意识使个体在感知自身与外部世界时获得愉悦感并敦促个体关爱自身，这一想法来自 Humphrey, N.（2011）, *Soul Dust: The Magic of Consciousness*, Princeton University Press。

正文及图注部分关于矿骡的引文皆来自 Crane 1894, https://ehistory.osu.edu/exhibitions/gildedage/content/CraneDepths。

3.14 痛苦的源头
开头的引文出自 Ecclesiastes 1：18, King James Version。

关于学习、压力与精神折磨之间的关系的讨论，详见 TESS, chapter 9, 426—439。

关于烟雾报警器原理的描述，详见 R. M. Nesse, "The Smoke Detector Principle," *Annals of the New York Academy of Science* 935（2001）：75—85, https://doi.org/10.1111/j.1749-6632.2001.

tb03472.x。

引文出自 C. Darwin, *On the Origin of Species by Means of Natural Selection, or the Preservation of Favoured Races in the Struggle for Life*（London: John Murray, 1859），引文来自此书最后一段。

3.15 想象的演化

引文出自 S. T. Geisel（Dr. Seuss），*Oh, the Thinks You Can Think!*（1975; New York: Random House, 2003）。

关于松鸦学习能力的研究，详见 N. S. Clayton, T. J. Bussey, and A. Dickinson, "Can Animals Recall the Past and Plan for the Future?" *Nature Reviews Neuroscience* 4（2003）: 685—691, https://doi.org/10.1038/nrn1180。

视角 4

引言出自 Psalm 8: 4—9, King James Version, 以及 R. Cummings Neville, *Boston Confucianism: Portable Tradition in the LateModern World*（Albany: SUNY Press, 2000）。感谢单亚峰博士翻译了中文文本。

4.1 人类的本性

亚里士多德提出"人是天生的政治动物"的观点出自 *Politics* 1235a。休谟的引文摘自 *A Treatise of Human Nature*, section VI, 618, https://davidhume.org/texts/t/3/3/6。

引文出自 E. Jablonka and M. J. Lamb, *Evolution in Four Dimensions: Genetic, Epigenetic, Behavioral, and Symbolic Variation in the History of Life*, 2nd ed.（Cambridge, MA: MIT Press, 2014），189。

在图注中，"blue brain"指的是蓝脑项目，这是瑞士的一项大脑研究计划，通过对哺乳动物大脑回路的逆向工程，实现对啮齿动物乃至人类的大脑进行数字重建。参见 https://www.epfl.ch/research/domains/bluebrain/。

4.2 是什么让人类与众不同？

引文出自 Kurt Vonnegut, *The Cat's Cradle*（New York: Holt, Rine-hart & Winston, 1963），chapter 81。达尔文关于人类进化的观点出自 C. Darwin, *The Descent of Man, and Selection in Relation to Sex*（London: John Murray, 1871）。

4.3 为何要用进化的方法来研究人类本性?

我们亲缘更近的直系祖先——直立人的非洲分支,现在被称为匠人。直立人这个名字现在被保留给亚洲分支。属于人属的前智人被称为"古人类"。这幅画的灵感来自一位美国动物学家戴安·弗西(1932—1985),她在卢旺达研究大猩猩群超过18年。她在自己的小屋里被谋杀了,很可能是偷猎者所为。

4.4 智人起源之前

这里提到很多关于我们祖先的书;以下著作与笔者的观点直接相关:M. Donald, *The Origins of the Modern Human Mind*(Cambridge, MA: Harvard University Press, 1991);S. B. Hrdy, *Mothers and Others: The Evolutionary Origins of Mutual Understanding*(Cambridge, MA: Harvard University Press, 2009);M. Tomasello, *A Natural History of Human Thinking*(Cambridge, MA: Harvard University Press, 2014)。

引文出自 "Genetic Logic and Sociology"(1928),这篇文章出自 J. Piaget, *Sociological Studies*, ed. L. Smith(New York: Routledge, 1995), 200。

4.5 会脸红的直立人

第一段引文出自孟子(公元前4世纪),并被下文引用:H. Hargaden, "Shame", 该文出自 *The Art of Relational Supervision*, ed. H. Hargaden(London and New York: Routledge), 129。

对于社会情感和脸红的讨论,参见 C. Darwin, *The Expression of the Emotions in Man and Animals*(London: John Murray, 1872);R. W. Croizer, *Blushing and the Social Emotions: The Self Unmasked*(London: Palgrave Macmillan, 2006)。

第二段引文出自 Genesis 3: 6, King James Version。图中的这首诗选自 *The Letters of John Keats 1814—1818*, vol. 1, ed. H. E. Rollins(Cambridge, MA: Harvard University Press, 1985), 219。

4.6 延伸的心智:双手、工具和纪念物

开头亚里士多德的引文出自 *On the Soul*, book 3, chapter 8, 见 *The Complete Works of Aristotle*, Revised Oxford Translation, vol. 1(Princeton, NJ: Princeton University Press, 1984)。

关于手及其演变的经典著作是 J. Napier, *Hands*, rev. ed.(Princeton: Princeton University Press, 1993)。

工具的使用会使身体外观发生变化，相关描述出自 M. Martel, L. Cardinali, A. C. Roy, and A. Farnè, "Tool-Use: An Open Window into Body Representation and Its Plasticity," *Cognitive Neuropsychology* 33（2016）: 82—101, https://doi.org/10.1080/02643294.2016.1167678。

Yad Vashem 是纪念大屠杀的耶路撒冷国家机构。在希伯来语中，Yad 的意思是"手"和"纪念"；Shem 的意思是"名字"，也是提及上帝（Hashem）的一种方式。

康德的引文参见 S. A. J. Stuart, "Privileging Exploratory Hands: Prehension, Apprehension, Comprehension," 该文出自 *The Hand, an Organ of the Mind: What the Manual Tells the Mental*, ed. Z. Radman（Cambridge, MA: MIT Press, 2011）, 329—347。

关于工具制造、手和大脑进化的理论出自 S. Almécija and C. C. Sherwood, "Hands, Brains, and Precision Grips: Origins of Tool Use Behaviors," 该文出自 *Evolution of Nervous Systems*, 2nd ed., ed. J. H. Kaas（Oxford: Academic Press, 2017）, 299—315, https://doi.org/10.1016/B978-0-12-804042-3.00085-3; D. Stout and T. Chaminade, "Stone Tools, Language and the Brain in Human Evolution," 该文出自 *Philosophical Transactions of the Royal Society B* 367, no. 1585（2012）: 75—87, https://doi.org/10.1098/rstb.2011.0099/。

4.7 象征性系统

我们的资料来源包括：E. Cassirer, *An Essay on Man: An Introduction to a Philosophy of Human Culture*（New Haven, CT: Yale University Press, 1944），第一段引文出自这本书的第 24 页；T. W. Deacon, *The Symbolic Species: The Co-evolution of Language and the Brain*（New York: Norton, 1997）; C. Heyes, *Cognitive Gadgets: The Cultural Evolution of Thinking*（Cambridge, MA: Belknap Press of Harvard University Press, 2018）; E. Jablonka and M. J. Lamb, *Evolution in Four Dimensions: Genetic, Epigenetic, Behavioral, and Symbolic Variation in the History of Life*, 2nd ed.（Cambridge, MA: MIT Press, 2014）, chapter 6 and 8。

第二段引文出自 L. Wittgenstein, *Tractatus Logico-Philosophicus*（London: Kegan Paul, 1922）, 5.6, 76, http://writing.upenn.edu/library/Wittgenstein-Tractatus.pdf。

4.8 语言和想象力

莎士比亚的名言出自 *The Tempest*（1611）, act 4, lines 156—157。

笔者提到的神话出自 Genesis 1（creating the world with words）; Genesis 3（original sin）; Genesis 11（the Tower of Babel）。引文出自 John 1: 1。

多尔关于语言的观点详见 D. Dor, *The Instruction of Imagination: Language as a Social Communication Technology*（Oxford: Oxford University Press, 2015）; 引文出自第 25 页。

4.9 思想和感受

引文摘自 M. Tomasello, *A Natural History of Human Thinking*（Cambridge, MA：Harvard University Press, 2014）, 9。关于情感与语言之间的进化关系详见 E. Jablonka, S. Ginsburg, and D. Dor, "The Co-evolution of Language and Emotions," *Philosophical Transactions of the Royal Society B* 367（2012）: 2152—2159, https://doi.org/10.1098/rstb.2012.0117。

4.10 象征性物种的某些特性

人类的一些特殊之处归因于语言的使用，详见 TESS, chapter 10, 472—479; D. Dor, "The Role of the Lie in the Evolution of Human Language," *Language Sciences* 63（2017）: 44—59, https://doi.org/10.1016/j.langsci.2017.01.001; M. Tomasello, *A Natural History of Human Thinking*（Cambridge, MA：Harvard University Press, 2014。引文出自 Tomasello, 第 81 页。

4.11 象征性爆炸

韦尔纳茨基关于"理性领域"的观点详见他最后的作品之一, V. Vernadsky, *Scientific Thought as a Planetary Phenomenon*，这本书写于 1931 年至 1944 年。最相关的章节可以在 https://21sci-tech.com/Subscriptions/Spring-Summer-2012_ONLINE/TCS_Sp-Su_2012.pdf 中找到（韦尔纳茨基的文章在 17—31 页）。

引文摘自 R. Carson, *Silent Spring*（1962; New York：Mariner Books, 2002）, 2—3。

关于人类世的简要讨论，详见 E. C. Ellis, *Anthropocene: A Very Short Introduction*（Oxford：Oxford University Press, 2018）。

4.12 分裂的灵魂？

关于"分裂的灵魂"的一些不同概念，参见 A. Koestler, *The Ghost in the Machine*（London：Hutchinson, 1967），引文摘自第 xi 页; S. Freud, *Civilization and Its Discontents*, trans. J. Strachey（New York：Norton, 1930），引文摘自第 35 页; K. Lorenz, *On Aggression*（New York：Harcourt, Brace & World, 1966）。也可参见 I. McGilchrist, *The Master and His Emissary: The Divided Brain and the Making of the Western World*（New Haven, CT：Yale University Press, 2009）。图注中博尔赫斯这首诗的最后一部分由 Beatrice, Leo, Mati Senkman 从西班牙原文翻译而来。

视角 5

引言中的诗歌作者是埃米莉·狄更生（1830—1886），写于 1886 年，出自 *The Complete Poems of Emily Dickinson*, ed. T. E. Johnson（Boston：Little, Brown, 1960），poem 652。

5.1 突破极限

引文出自 U. K. Le Guin, *A Wizard of Earthsea*（New York：Houghton Mifflin Harcourt, 2012），92。

5.2 天才的头脑

现在"神经性异常"一词比"孤独症"更常用。在这里，笔者依然使用"孤独症"是依据文献中对人物的描述。

关于天才的广泛讨论，参见 D. A. Treffert, *Islands of Genius*（London：Jessica Kingsley, 2012），引文出自第 18 页。

第二段引文出自 N. Higashida, *The Reason I Jump*（New York：Random House, 2013），Q32, 59。

5.3 知觉记忆和遗忘的艺术

第一段引文出自 A. R. Luria, *A Little Book about a Vast Memory: The Mind of a Mnemonist*（London：Penguin Books, 1975），64。

第二段引文出自纳夫塔利·蒂什比，其思想总结于 N. Wolchover, "New Theory Cracks Open the Black Box of Deep Learning," *Quanta Magazine*, September 21, 2017, https://www.quantamagazine.org/new-theory-cracks-open-the-black-box-of-deep-learning-20170921/。

图注的引文出自 J. L. Borges, "Funes, the Memorious," 该文出自 *Ficciones*, trans. A. Kerrigan（New York：Grove Press, 1962），115。

5.4 意识的动荡：致幻剂

引文出自 B. Shanon, *The Antipodes of the Mind: Charting the Phenomenology of the Ayahuasca Experience*（Oxford：Oxford University Press, 2002），190 and 18。有关迷幻药的概述，参见 M. Pollen, *How to Change Your Mind: The New Science of Psychedelics*（London：Allen Lane, 2018）。

5.5 精神痛苦：无意识的图像

关于尼瑟·达·西尔韦拉的内容出自 V. Pordeus, "Nise da Silveira: Brazilian Pioneer in Art and Transcultural Psychiatry," Academia, accessed April 14, 2021, https://www.academia.edu/34364588/Nise_da_Silveira_Brazilian_Pioneer_in_Art_and_Transcultural_Psychiatry。

关于克吕弗所描述图案的讨论可参见 J. Ouellette, "A Math Theory for Why People Hallucinate," *Quanta Magazine*, July 30, 2018, https://www.quantamagazine.org/a-math-theory-for-why-people-hallucinate-20180730/。

5.6 意识的"高级"形态？

第一段引文出自 *Yoga Vasishta Maharamayana*（1891—1899），摘自 W. James, *The Varieties of Religious Experience: A Study in Human Nature*（New York: Longmans, Green, 1917），392。

第二段引文出自 A. Huxley, *The Doors of Perception and Heaven and Hell*（New York: Harper, 1954），4—5，参见 https://maps.org/images/pdf/books/HuxleyA1954TheDoorsOfPerception.pdf。

5.7 我们的祖先是如何感知世界的？

坦普尔·葛兰汀的观点详见 T. Grandin, *Animals in Translation: Using the Mysteries of Autism to Decode Animal Behavior*（New York: Scribner, 2005）。

引文出自 A. Snyder, "Explaining and Inducing Savant Skills: Privileged Access to Lower Level, Less-Processed Information," *Philosophical Transactions of the Royal Society B* 364（2009）: 1399—1405, at 1399, https://doi.org/10.1098/rstb.2008.0290。

N. Humphrey 基于天才艺术讨论了人类祖先的艺术感知，详见 "Cave Art, Autism, and the Evolution of the Human Mind," *Cambridge Archeological Journal* 8, no. 2（1998），165—191, https://doi.org/10.1017/S0959774300001827。

5.8 具有寓意的人造物

这段引文在 1988 年费曼去世时写在他的黑板上。该引文出自 Michael Way, "Editorial: 'What I Cannot Create, I Do Not Understand,'" *Journal of Cell Science* 130（2017）: 2941—2942, https://doi.org/10.1242/jcs.209791。

亚里士多德的引文出自 *Movement of Animals* 701a 1—4，见 *The Complete Works of Aristotle*, Revised Oxford Translation, vol. 1（Princeton, NJ: Princeton University Press, 1984）。

卡雷尔·卡佩克的科幻剧 *R.U.R.* 于 1920 年首演。该剧本可以在 https://www.gutenberg.org/

files/59112/59112-h/59112-h.htm 在线阅读。

关于勾勒姆的信息是依据 M. Idel, *Golem: Jewish Magical and Mystical Traditions on the Artificial Anthropoid*（Albany：State University of New York Press，1990）。

5.9 有意识的机器人？

关于 AlphaGo，一种使用深度学习算法的程序，详见 M. Shanahan,"Conscious Exotica,"*Aeon*, October 19, 2016, https://aeon.co/essays/beyond-humans-what-other-kinds-of-minds-might-be-out-there。这位令人钦佩的围棋冠军的引文出自这篇文章。

关于机器人产生意识的可能性的讨论，参见 S. Dehaene, H. Lau, and S. Koudier,"What Is Consciousness, and Could Machines Have It?"*Science* 358（2017）：486—492, https://doi.org/10.1126/science.aan8871。

5.10 虚拟现实和人机融合

林肯的名言参见 D. R. Vollaro,"Lincoln, Stowe, and the 'Little Woman/Great War' Story: The Making, and Breaking, of a Great American Anecdote,"*Journal of the Abraham Lincoln Association* 30, no. 1（2009）：18。

安迪·克拉克的引文出自 A. Clark, *Natural-Born Cyborgs: Minds, Technologies, and the Future of Human Intelligence*（Oxford：Oxford University Press，2004），23—24。

感官替代详见 P. Bach-y-Rita and S. W. Kercel,"Sensory Substitution and the Human-Machine Interface,"*Trends in Cognitive Sciences* 7, no. 12（2003）：541—546, https://doi.org/10.1016/j.tics.2003.10.013。

虚拟现实详见 M. Slater, B. Spanlang, M. V. Sanchez-Vives, and O. Blanke,"First Person Experience of Body Transfer in Virtual Reality,"*PLOS ONE* 5, no. 5（2010）：e10564, https://doi.org/10.1371/journal.pone.0010564。

另一个身体替代的例子出自 Solène Neyret, Xavi Navarro, Alejandro Beacco, Ramon Oliva, Pierre Bourdin, Jose Valenzuela, et al.,"An Embodied Perspective as a Victim of Sexual Harassment in Virtual Reality Reduces Action Conformity in a Later Milgram Obedience Scenario,"*Scientific Reports* 10（April 2020）：article 6207, https://doi.org/10.1038/s41598-020-62932-w。

正文中对一些赛博格的描述和短视频，参见 Victor Tangermann,"The Future Is Here: Six of Today's Most Advanced, Real-Life Cyborgs,"*Futurism*, October 17, 2017, https://futurism.com/six-of-todays-most-advanced-real-life-cyborgs。

埃隆·马斯克的公司 Neuralink 对神经植入体的开发，参见 E. Musk and Neuralink, "An Integrated Brain-Machine Interface Platform with Thousands of Channels," *bioRxiv* 703801, https://doi.org/10.1101/703801。

5.11 延伸的伦理规范

机器人伦理详见 T. Metzinger, "Two Principles for Robot Ethics," 出自 *Robotik und Gesetzgebung*, ed. E. Hilgendorf and J.-P. Günther（Baden-Baden：Nomos, 2013），263—302。有关动物福利的讨论，参见 L. Gruen, "The Moral Status of Animals," 出自 *The Stanford Encyclopedia of Philosophy*（Fall 2017 Edition）, ed. Edward N. Zalta, https://plato.stanford.edu/archives/fall2017/entries/moral-animal/。

器官具有意识的可能性详见 T. Bayne, A. K. Seth, and M. Massimini, "Are There Islands of Awareness?" *Trends in Neurosciences* 43, no. 1（2020）：6—16, https://doi.org/10.1016/j.tins.2019.11.003。

伊恩·麦克尤恩的书名为 "Machines Like Me"（London：Penguin, 2019）。

5.12 索拉里斯星：局限性

该文本基于 S. Lem, *Solaris*（London：Faber and Faber, 1970）。第一段引文出自第 126 页；第二段引文是书中的最后一句话，在第 214 页。

最后一段引文出自 J. Rostand, *Inquiétudes d'un Biologiste*（Paris：Stock, 1967），66。这段话有时被翻译为 "The biologist passes, the frog remains."（生物学家易逝，青蛙长存。）

图书在版编目（CIP）数据

心灵奇景：80幅画描绘意识之谜/（以）西蒙娜·金斯伯格，（以）伊娃·亚布隆卡著；肖晓，严冰，陈钰佳译. —上海：上海科技教育出版社，2024.1

ISBN 978-7-5428-8039-0

Ⅰ. ①心… Ⅱ. ①西… ②伊… ③肖… ④严… ⑤陈… Ⅲ. ①意识-普及读物 Ⅳ. ①B842.7-49

中国国家版本馆CIP数据核字（2023）第234609号

责任编辑　殷晓岚
装帧设计　杨　静

XINLING QIJING

心灵奇景——80幅画描绘意识之谜

［以］西蒙娜·金斯伯格　［以］伊娃·亚布隆卡　著
［以］安娜·泽利戈夫斯基　绘
肖　晓　严　冰　陈钰佳　译

出版发行　上海科技教育出版社有限公司
　　　　　（上海市闵行区号景路159弄A座8楼　邮政编码201101）
网　　址　www.sste.com　www.ewen.co
经　　销　各地新华书店
印　　刷　上海锦佳印刷有限公司
开　　本　889×1194　1/16
印　　张　12.5
版　　次　2024年1月第1版
印　　次　2024年1月第1次印刷
书　　号　ISBN 978-7-5428-8039-0/N·1202
图　　字　09-2022-0552号
定　　价　98.00元

**Picturing the Mind:
Conciousness through the Lens of Evolution**
by Simona Ginsburg and Eva Jablonka,
illustrated by Anna Zeligowski
© 2022 The MIT Press
Chinese（Simplified Characters）Edition Copyright © 2024
by Shanghai Scientific & Technological Education Publishing House Co., Ltd.
Published by arrangement with The MIT Press
ALL RIGHTS RESERVED